湖南省新型职业农民培训教材

稻田生态
种养新技术

**DAOTIAN SHENGTAI
ZHONGYANG XINJISHU**

湖南省农业广播电视学校组编

主　编／黄　璜　王晓清　杜　军

副主编／刘小燕　陈　灿

编　者／赵　刚　郑华斌　佘　伟
　　　　周　剑　贺　慧　刘建霞
　　　　姚　林

U0312104

湖南科学技术出版社

图书在版编目（CIP）数据

稻田生态种养新技术 / 黄璜，王晓清，杜军主编.-- 长沙：湖南科学技术出版社，2017.7
ISBN 978-7-5357-9339-3

Ⅰ．①稻… Ⅱ．①黄… ②王… ③杜… Ⅲ．①稻田—生态农业—研究 Ⅳ．①S511

中国版本图书馆 CIP 数据核字(2017)第 134129 号

稻田生态种养新技术

主　　编：黄　璜　王晓清　杜　军
责任编辑：欧阳建文　李　丹
出版发行：湖南科学技术出版社
社　　址：长沙市湘雅路 276 号
　　　　　http://www.hnstp.com
邮购联系：本社直销科　0731 - 84375808
印　　刷：长沙市宏发印刷有限公司
　　　　　（印装质量问题请直接与本厂联系）
厂　　址：长沙市开福区捞刀河大星村343号
邮　　编：410007
版　　次：2017 年 11 月第 1 版
印　　次：2019 年 1 月第4次印刷
开　　本：710mm×1000mm　1/16
印　　张：5.375
插　　页：2.25
书　　号：ISBN 978-7-5357-9339-3
定　　价：28.00 元

前　言

　　多熟制稻田生态种养是中国经典农耕模式"稻田养鱼"的改进和发展，它针对稻田生产的社会价值与经济价值、生态价值与资源价值、数量价值与质量价值之间的矛盾，集成优化生态调控技术、农机农艺技术、绿色养殖技术，形成多熟制稻田稻-油-鱼生态种养工程，达到提高稻田产出率、资源利用率、劳动生产率的目的。多熟制稻田生态种养的主要特点是：利用稻田湿生环境，辅以人为措施，种稻养鱼，耦合水资源、生物资源、气候资源与空间资源。稻-鱼生态种养，鱼为水稻除草、灭虫、松土、增肥；水稻为鱼遮阴、提供绿色环境，稻鱼互利、稻鱼双收。本书介绍的稻-鱼生态种养新技术，在前人规模经营模式基础上，巧妙地增加了"梯式栽培"和"锲耕栽培"两项发明专利技术。"梯式栽培"即利用机械将稻田改造成宽60厘米、高25～35厘米的三角形垄，垄坡上种植水稻、垄沟养鱼，既为水稻生长（地上部、地下部）提供了更大的空间，又为鱼提供了"水陆两栖"环境，是经典生态技术的应用；"多熟制"即稻田生产一年三熟（稻-稻-油）或一年二熟（稻-油），既提高了单位稻田的土地产出率，又为鱼类、两栖类动物的生长提供了周年绿色环境和植物多样性环境，是典型生态技术的应用。本书作者多年探索多熟制稻田稻-油-鱼生态种养原理与技术，成功地解决了养鱼环节中逃逸、越夏越冬、保障饲料、生态管理与稻-油种植中促根保根、免耕栽培、定向施肥、节水灌溉的瓶颈问题，初步形成了"窄垄、多熟、密植、稀养"的技术体系，已在湖南省浏阳市实现了百亩成片规模化种养，并取得了较好的经济、生态、社会效益。为了满足广大稻农种稻增收的需求，特将作者多年探索的核心技术汇编成册，期望稻农朋友能开卷有益，实现稻鱼增产增收的梦想。

目　录

第一章　绪　论

一、稻田多熟制生产的意义

1. 提高土地产出率

多熟制是利用作物种类、作物品种、作物不同生长发育时段形成的时间、空间、营养、耐性等生态特性的差异，构成两种以上作物的复合群体，在时间上、空间上集约高效地利用光、温、水等自然资源，最大限度提高光能利用率。稻田多熟制充分利用生长时间，增加光合时间；多熟制间、套作条件下增大光合面积，改善光照分布，有利于透光并增加光截获量等特点，能显著提高土地的产出率。国际水稻所（IRRI）科学家在菲律宾地区试验一年水稻 4 熟，获得年单产 23.29 吨/公顷的超高产水平。提高粮食产量和土地利用率是农业领域目前最为迫切的研究内容。稻田养鱼不与粮食争地，而是借田养鱼，每亩稻田可产鱼 20～100 千克。从国外相关领域的研究成果来看，世界各国的农业都在朝着多熟种植与稻田养鱼结合的方向发展。实行这种模式是充分利用自然资源和提高产量的重要途径。

2. 提高资源利用率

多熟制能因地制宜，趋利避害，充分利用当地农业自然资源。农业生产实质上是作物、环境和措施三者的协调和发展，最大限度地把光能转化为化学能。任何种植方式都是在一定的条件下形成和发展的，稻田多熟制实现了以有限的土地资源获得尽可能大的效益，并不断提高土壤肥力，使农业生产得以持续高效发展。在人地矛盾日益突出的背景下，多熟制对我国农业的发展有至关重要的作用。

二、多熟制稻田生态种养的意义与作用

1. 改善生态环境

化肥、农药、地膜等化学品的过度使用造成严重的农业面源污染，据不完全调查，目前全国受污染的耕地约有 1.5 亿亩，接近耕地总面积的10％，其中多数集中在经济较发达地区，同时过量施用的化肥、农药通过地表径流、农田排水和土壤淋溶进入水体，导致地表和地下水质的恶化。现代农业引发的农村生态环境问题已受到高度重视，并促使人们重新思考农业的发展道路，发展生态农业，成为农村经济社会可持续的必然选择。作为一种典型的生态农业形式，多熟制稻田稻-油-鱼生态种养能够充分利用作物和鱼之间的生态作用，减少农药、化肥等的使用，对农业生态环境起到良好的净化与保护作用，有助于从源头上解决农业环境污染问题，有利于农村生态环境的改善。

2. 生产生态食品

随着农业生产水平提高，粮食数量安全问题已得到很大程度缓解，粮食质量安全问题已逐步转变为重要问题。农产品中农药残留造成的中毒事件不断出现，直接危害人们的身体健康。人们开始探索无公害食品、绿色食品和有机食品的发展。多熟制稻田稻-油-鱼生态种养充分利用水稻和鱼类的共生作用，大幅度减少农药和化肥使用，生产的产品安全、健康，满足消费者对食品安全的需求。

3. 提高稻田生产经济效益

与常规稻作系统的粮食产出相比，稻-油-鱼生态种养的直接经济价值不仅包括粮油产品，还可获得鱼类产品。同时由于稻鱼共生系统中，草食性鱼类可以摄食杂草，减少了杂草与水稻争肥、争光，同时排泄大量富含氮、磷的粪便，作为优质肥料，促进水稻产量提高。稻田养鱼增加的收入来源有三方面：一是节省生产成本，相当于增加了收入；二是稻田养鱼，促进水稻生长，增加稻谷产量，实际上就相当于增加了经济收入；三是利用稻田养鱼而不用水面（水塘或水库等）养鱼，可节省开塘建池、占用土地的费用。稻田养鱼，施工量少，所耗人力及资金少，而且一家一户能自己施工，可以减少大量的资金投入。据研究，每公顷稻鱼共生系统的综合投入比常规稻作系统低 3240 元，平均每公顷的综合收益比常规稻作系统高6391 元。

4. 提高抵御市场风险与自然风险能力

多熟制稻田稻-油-鱼生态种养根据稻鱼共生互利原理，充分利用稻田平面和水域空间，发挥土地资源潜能，将无公害优质稻米生产和水产养殖有机结合，实现高产、高效、立体开发，提高种养业综合效益，在确保粮食安全生产的前提下，促进农民增收和稻田生态良性循环。

近年来粮、蛋、肉等农产品价格都有过波动，但水产品价格比较平稳，没有暴涨暴落，未出现鱼多伤农的现象，对平抑市场物价、稳定市场、繁荣市场起到了良好作用。进入 21 世纪新阶段，观光农业已在国内外广泛兴起。稻田养鱼已成为各地观光农业的重要内容，受游客青睐，也成为旅游创收的重要来源。

三、多熟制稻田生态种养的历史与发展

1. 稻田养鱼种稻

我国是世界上稻田养鱼最早的国家，根据历史文献分析和考古发掘推断，我国最迟在东汉时就已开始稻田养鱼，我国考古工作者在四川、陕西等地的汉墓中，陆续发现了有关稻田养鱼起源的证据。到了唐代，稻田养鱼已推广到关中，明代也有相关记载。民国时期已进行稻田养鱼试验，据1935 年报道，江苏省稻作试验场稻田养鱼试验取得成果，但连年战乱，未能发展。新中国成立以后，1954 年的全国水产工作会议正式提出在全国发展稻田养鱼。1959 年全国稻田养鱼面积达到 1000 万亩。1981 年倪达书研究员提出了稻田养鱼种稻，稻鱼共生的理论，得到了国家水产总局的重视。1983 年 8 月农牧渔业部在四川温江召开第一次全国稻田养鱼经验交流现场会。1990 年 10 月，农业部在重庆召开了第二次全国稻田养鱼经验交流会，有力地促进了我国稻田养鱼的发展。

2. 稻田养鸭种稻

稻田养鸭种稻源于中国，在世界稻区都有发展，尤其在日本已规模化发展。稻鸭共生由春秋战国时期"灭蝗"而开始，逐渐形成一种种养结合的农业生产模式。在 800 年前的同一时期，东亚和东南亚的许多国家如日本、越南、文莱、印度尼西亚等国家的稻田养鸭也有相当规模的发展。农民发现稻田养鸭在获得一定鲜蛋产量的同时，稻鸭系统水稻产量比单一种植稻的水稻产量高。在 20 世纪 60~70 年代，江苏省家禽科学研究所许霭云等专家就已总结出传统稻田放鸭的做法，在农业生产中进行系统的研究观

察，我国在 20 世纪 60 年代就已经系统总结出稻田养鸭技术，20 世纪 90 年代广泛推广于四川。但是，这项兼具社会生态效益和经济价值的技术当时没有大力推广。在农业现代化的进程中，随着农药、化肥的出现和广泛应用，稻鸭共生模式被认为是低效率的落伍农法而逐渐萎缩，直到 20 世纪后期，我国专家融现代化的管理技术和先进的成果为一体，形成了适合现代生产的稻鸭共生配套技术，才逐渐发展起来。

四、多熟制生产与稻田生态种养的限制因素

1. 多熟制生产的问题与限制因素

传统的多熟制是一种劳动集约型农作制度，作业工序多、消耗劳力多、技术比较复杂，多熟模式仅局限于个别地区或个别农户使用，区域规模发展困难。现代多熟制要适应机械化发展，首先要在模式建立上进行优化设计，包括适应机械化栽培的品种（农艺性状、收获性状、品种搭配）、田间布置设计（带型、带宽、间距、幅宽等种植规格）、田间管理设计（水肥管理、植物保护、土壤管理）。

现代多熟制是一种高投入、高产出的集约型农业生产系统，土地利用的强度大，如果不重视土壤培肥及改良，多熟制难以持续发展。目前南方各地通过稻田留高茬还田，北方秸秆覆盖还田，以及多熟制中纳入豆科作物、绿肥作物，有利于地力的维持和提高，应在此基础上研发新的措施。由于多熟制形成复合生态系统，共生作物多，其内部的小生境及土壤地下部分关系复杂，病、虫、草害发生及防治与常规有别，应引起重视。

2. 稻田生态种养的问题与限制因素

稻田生态种养在我国发展势头良好，但技术空间的拓展程度不够充分，稻田生态的利用与研究不够深入。目前主要在移栽稻的表现功能与生态效应上进行了相应研究，而在土壤理化性质，稻田生物多样性（如有益生物组成与变化、微生物效应、杂草库变化等），水稻生长发育特性（如根系构型、分蘖发生规律、群体特征、品质生理等），整个生态系统的能量、物质、信息和价值流向及转化利用等方面的研究还很缺乏。对于不同种植制度与方式（直播、再生、抛秧等）的生态效应研究更是鲜见。如对于直播水稻来说，无效分蘖难于控制、杂草危害严重以及后期倒伏是生产上常遇到的三大难题，如能发挥生态种养的作用而获得较好效果，必将促进水稻移栽与直播协同发展。

3. 稻田养殖存在的问题

稻田养殖存在以下几方面问题：一是投放鱼种规格偏小、投放量不足、成活率低。由于苗种规格偏小、抗逆能力弱，易受鼠、蛇、鸟等天敌危害，成活率较低。二是稻田养鱼基础设施差，逃鱼现象严重。稻田养鱼田埂宽、高均达不到技术要求，遇洪水田埂易倒塌，漫水逃鱼现象严重，影响稻田养鱼产量及效益。三是投入不足。产业发展资金投入不够，影响购买鱼种及进行鱼沟等设施建设，加之县、乡水产技术推广机构缺乏工作经费，技术培训和服务滞后，直接影响了农户稻田养鱼的推广速度。四是养殖技术及管理粗放。目前农户稻田养鱼技术手段相对落后，稻田开挖规格尺寸不够，未投放饵料，管理不精细，导致稻田养殖产量低、养殖效益不高。

五、多熟制稻田生态种养前景与发展对策

1. 经济效益与稻农收益

稻鱼共生模式，在一般情况下，综合效益是单纯种稻的 2 至 3 倍。比单纯种植水稻可节约人工、肥料、农药，水稻能增产 10％至 15％；比单纯养鱼可节约饲料、水和土地等。我国南方山区稻田养鱼模式的直接经济收入和综合社会效益都比常规农业生产模式高。另一方面，稻田养鱼模式虽然有较高的现金净收入，但高投入是阻碍其推广的重要原因之一，因此若政府可以补贴农户的直接投入则可提高农户稻田养鱼的积极性，从而实现直接经济价值和社会综合效益的双赢。

2. 粮食安全与生态安全

稻-油-鱼生态种养根据水稻、鱼、油菜不同的空间生态位和营养生态位，将其巧妙地组合在一起，互利共作，从而提高了水田的物质、能量利用率和转化率，具有明显的经济效益、生态效益和社会效益。稻-油-鱼生态种养不仅实现水稻、水产低投入、高产出、低污染、可持续生产，也显著减少化肥、农药、除草剂的投入，仅以少量的稻种、鱼苗、油种的投入，以实现稻、油的优质高产、安全、低耗、高效、持续生产。稻-油-鱼生态种养有利于提高稻田生态系统的生态负载力和物质产出能力，使稻田生态系统向着良性循环的方向发展。

3. 集约化经营与风险控制

稻田养鱼生产中种养模式、田间管理以及综合效益提升等方面仍存有诸多问题，尤其是适宜品种和模式选择、种养矛盾处理等问题较为突出。

为此，要力求技术、模式和机制创新。包括采取生态技术、创新模式，如生物治虫与灯光诱虫等生态方式防治水稻病虫害、品种（水稻、水产）优化选择、"梯式栽培"与"大垄双行"技术应用、鸟类等敌害生物预防、共生和轮作结合、"先鱼后粮"轮作、装备提升等，同时要注重水稻品质和价值的提升、有机品牌（优质米）打造。传统地区重点培育"技术提升—苗种配套—生产加工—品牌运作"一条龙运行机制，提升传统地区稻田养鱼产业化整体水平。

总之，利用稻田生态系统潜在的时空、营养结构，实现资源的高效利用，发展稻＋鸭＋鱼等复合生态模式和稻＋鸭＋鱼＋油周年生态模式，既保持土壤肥力的持续性又能提高稻田生态效益，是多熟制生产与稻田生态种养顺利发展的先决条件。

第二章　多熟制稻田生态种养工程设施与农作制设计

多熟制稻田生态种养即稻田生产一年三熟（稻-稻-油）或一年二熟（稻-油或稻-稻），并开展水产养殖或家禽养殖的一种生态种养方式。既提高了单位稻田的土地产出率，又为鱼生长提供了周年绿色环境和植物多样性环境，并成功地解决了养鱼环节中防止逃逸、越夏越冬、保障饲料、生态管理与稻油种植中促根、免耕栽培、定向施肥、节水灌溉的瓶颈问题。

一、多熟制稻田稻-油-鱼生态种养的农作制设计

1. 多熟制稻田稻-油-鱼生态种养模式

多熟制稻田稻-油-鱼生态种养模式采用中稻和油菜水旱轮作模式。中稻于4月中下旬播种，8月底至9月上旬收割。在中稻移栽前约5月上旬就可放鱼苗，经过近5个月养殖即10月上中旬可捕捞。在中稻插秧前这段时间，鱼暂养在鱼溜或鱼凼中。为确保油菜的旱作状态，油菜播种时不可养鱼。油菜播种时间一般在10月5～15号，一般不宜超过10月20号，但早熟油菜品种播种可延迟至10月底，这样可延长稻田养鱼的生长时间；一般油菜全生育期约7个月，次年5月上中旬收割。

2. 多熟制稻田稻-稻-油-鱼生态种养模式

多熟制稻田稻-稻-油-鱼生态种养模式采用的是早稻、晚稻和油菜水旱轮作的模式。早稻于3月中下旬播种，4月下旬移栽，7月中旬收割。在早稻秧苗移栽返青后放养鱼苗，早稻收割后晚稻插秧前这段时间，鱼暂养在鱼溜或鱼凼中。新技术采用"晚稻套作早稻多熟制栽培技术"，即在早稻收割前5～12天于早稻田内套条直播晚稻种子，稻-稻套种共生，不影响田间鱼的正常生活。经过近5个月养殖即10月中旬，晚稻成熟收割后、油菜播种前可捕捞。为保证油菜不错过最佳播种时期，晚稻宜选择早熟型，即6月

上旬播种，10月中旬收割。油菜则应该选择以早熟为主的品种，可与稻-稻-油多熟制进行轮作配套栽培。这样才能既保证水稻和鱼的产量也保证油菜的产量，达到高产高效的目的。

3. 多熟制稻田稻-稻-鱼生态种养模式

多熟制稻田稻-稻-鱼生态种养模式采用稻田轮流种植早稻和晚稻。早稻选用生育期适宜的品种，早稻一般3月中下旬播种、4月下旬移栽，7月中旬收割。在早稻秧苗移栽返青后就放养鱼苗；采用晚稻套作早稻多熟制栽培技术，在早稻收割前5～12天于早稻田内套条直播晚稻种子，稻-稻套种共生；这段时间，鱼仍生活在大田的鱼溜或鱼凼中，不影响鱼的正常生活。晚稻于8月上旬播种，10月底收割。鱼苗经过近4个月的养殖可在晚稻收割前捕捞。

以上三种多熟制稻-油-鱼生态种养农作制模式汇总如表2-1。

表 2-1　多熟制稻-油-鱼不同轮作方式的生态种养模式

种养品类 / 生长时段 / 种养模式	早稻	中稻	晚稻	油菜	鱼种放收时间
稻-油-鱼生态种养	——	5月中下旬移栽～8月底收获		10月中旬播种～5月上旬收获	5月上旬放鱼苗 10月中旬收鱼
稻-稻-油-鱼生态种养	4月中旬移栽～7月中旬收获		7月下旬移栽～10月中旬（早熟）收获	10月播种～4月（早熟品种）收获	5月上旬放鱼苗 10月下旬收鱼
稻-稻-鱼生态种养	4月中旬移栽～7月中旬收获		7月下旬移栽～10月中旬（早熟）收获	——	5月上旬放鱼苗 10月下旬收鱼

二、多熟制生态种养稻田的选择与设计

1. 多熟制稻-油-鱼生态种养稻田的选择

（1）水源水质要求

要求水量充足，水质良好无污染，有独立的排灌渠道，排灌方便，遇旱不干、遇涝不淹，能确保稻田有足够水量，水质能得到有效调控。

（2）土质要求

一方面要求保水力强，无污染，无浸水，不漏水（无浸水的沙壤土田埂加高后可用尼龙薄膜覆盖护坡），能保持稻田水质条件相对稳定；另一方面要求稻田土壤肥沃，有机质丰富，稻田底栖生物群落丰富，能为鱼类提供丰富的饵料生物。通常情况下南方稻田土壤呈弱酸性土质，进行稻田养鱼时可施用生石灰来调节水体酸碱度，以达到养鱼水体弱碱性要求。

（3）面积大小

养鱼稻田对稻田的面积没有严格限制，以方便管理为宜。

（4）光照条件

光照充足，同时又有一定的遮阴条件。稻谷的生长要良好的光照条件进行光合作用，鱼类生长也要良好的光照，因此养鱼的稻田一定要有良好的光照条件。但在我国南方地区，夏季十分炎热，稻田水又浅，午后烈日下的稻田水温常常可达 40℃以上 。而 35℃即可严重影响鱼类的正常生长，因此鱼溜上方需搭建一定的遮阴设施。

2. 多熟制稻油鱼生态种养稻田的设计

本书在多熟制稻油鱼生态种养稻田设计中采用的是垄作式，下文将垄作式和传统的平作式进行比较，读者可更容易理解稻田养鱼选择垄作式设计的优势。

（1）垄作式：即利用机械将稻田改造成宽 60 厘米（含沟宽）、高 30～50 厘米的梯形垄，垄坡上种植水稻（行距约为 17 厘米，株距约为 15 厘米；水稻种植行的方向与垄的延伸方向一致）。由于垄作可使各行的水稻植株生长在不同的平面范围内，植株间通风透光，所以能密植栽培。垄沟养鱼，既为水稻生长（地上部、地下部）提供了更大的空间，又为鱼提供了"水陆两栖"环境，是经典生态调控技术的应用。垄作稻是利用旱作的方式起垄、施肥、灌水、浸润、钵苗摆栽。起垄采用烟田栽培烟草专用的起垄机起垄，一次成型，减轻劳动强度，能大面积推广多熟制稻田生态种养新技术，且与常规稻田养鱼相比，垄作无需在稻田间挖鱼沟，直接利用垄沟相连。起垄后即可放水泡田，水位不宜过高，没过垄台即可，一般泡 6 个小时后不需其他作业即可进行水稻插秧。注意要点是翻地深度要控制在 20～25 厘米之间，耙地要细，如果要水耙地起浆，需提前 5～7 天泡田。

（2）平作式：水稻平作是中国传统的稻田养鱼技术，种稻之前，必须先将稻田的土壤翻耕，使其松软，这个过程分为粗耕、细耕和盖平三个期间。过去使用兽力和犁具，主要是水牛来整地犁田，但如今多用机器整地。

（3）垄作稻田与平作稻田养鱼比较

①容水量增加。垄作比平作稻田容水量增加 3 倍，避免高温期伤害鱼苗，水量多，天然饵料也多，对鱼生长有利。

②协调稻鱼之间矛盾。水稻要浅水、干湿交替管理栽培；鱼要深水，垄作恰好解决了稻鱼之间的矛盾。而平作则很难协调，不是顾鱼难顾稻，就是顾稻难顾鱼。特别是放养鱼时，垄作不会形成草鱼吃稻苗的现象，平作则难协调，管理不善草鱼会吃稻苗。

③光照。垄沟相间，通风透光，垄作可使水稻三面受光，增加光照面积，从而增加地温。特别是春季低温寡照年份效果尤为明显。此外还有利于浮游植物进行光合作用，将无机养料转化成生物饵料，鱼儿长得快。而平作则封行早，影响阳光对水体的照射，水温低，浮游生物少，鱼生长慢。

④时间。垄作养鱼时间长，因为长期免耕，不需犁耙，不像平作犁耙作业时伤鱼。

3. 多熟制稻-油-鱼生态种养稻田的改造

（1）田埂的修整

田埂要加高加固，一般要高达到 40 厘米以上，捶打结实、不塌不漏。鱼类有跳跃的习性，如鲤鱼有时就会跳越田埂。另外，一些食鱼的鸟也会在田埂上将鱼啄走，同时，稻田时常有黄鳝、田鼠、水蛇打洞穿埂引起漏水跑鱼。因此，农田整修时，必须将田埂加高增宽，夯实打牢，必要时采用条石或三合土护坡。田埂高度视不同地区、不同类型稻田而定：丘陵地区应高出稻田 40～50 厘米，平原地区应高出稻田 50～70 厘米，湖区低洼田的田埂应高出稻田 80 厘米以上，田埂顶宽 50 厘米以上，冬闲水田的田埂可加高加宽达 1 米以上，保证坚固牢实，形成禾时种稻，鱼时成塘的田塘优势。在加宽的田埂上可以种植甜糯玉米等，也可种植玉米草、苏丹草等青饲料。

（2）作垄

①垄向。作垄方向主要依水流方向、风向确定。正冲田和低台田垄向应顺水流方向，以利排洪和灌溉；挡风口田垄向垂直于风向，以防倒伏；坳田、高田要沿田四周作 2～3 条垄，防止漏水。

②作垄时间。冬水田开始作垄种水稻，第一次宜在插秧前 10～30 天进行，到插秧前 2～3 天再整理一次，深脚烂泡田要多做几次才能成型。两季稻田作垄是在前季收后随即进行。

③作垄规格。根据水田的种植轮、间、套方式，种植、养殖配套方式以及田块肥力水平确定。双季稻或稻稻油菜，作垄规格是垄宽（一埂一沟）60 厘米，垄高约 45 厘米。

④操作。利用烟草起垄机起垄，效果好，效率高。如果人工起垄，拉线起垄，人沿线向前刨土放在垄上，尽量保持垄基土壤原状结构。垄面做到大平小不平，切忌把泥揉融抹光，畦面不要做成瓦背状，全田垄面应在同一水平线上。无论如何，人都不能站在垄上操作。作垄时，田内灌水不能过深，但也不能把水全部放光。施有机肥和基肥可结合作垄时进行。

（3）开挖鱼沟

稻田开设鱼沟，应根据田块大小、田的形状而决定。一般占总田面积的 3%～5%，开挖成"一"字形、"十"字形、"日"字形、"田"字形、"围"字形等。沟宽 0.8～1 米，深 0.5～0.7 米。在选择开挖这些不同形状的鱼沟时应根据田的大小、种养的种类而选择，比方说稻田养鳖就要开挖"田"字沟，因为鳖需要的养殖面积大，并且"田"字沟有很好的越冬避暑条件。开挖中心鱼沟要顺长田边，在田中心开一条沟；开挖围边鱼沟在离田埂 1.5 米处开挖。

应在栽秧前 20～30 天开挖鱼沟，到栽秧前 5～7 天再整理 1～3 次，深脚田、浸泡田，要多整理 2～3 次，鱼沟才成型。

（4）开挖鱼溜或鱼凼

为了满足水稻浅灌、晒田、施药治虫、施化肥等生产需要，或遇干旱缺水时，使鱼有比较安全的躲避场所，必须开挖鱼凼。开挖鱼凼是稻田养鱼的重要工程建设，垄沟与鱼凼连接。

鱼凼是关键性设施，最好用条石修，也可用三合土护坡。鱼凼面积占稻田总面积的 8%～10%，根据稻田大小每丘稻田可建 1～4 个，由田面向下挖深 1.0～1.5 米，由田面向上筑埂 30 厘米，鱼凼面积 5～100 米^2。田块小者，可几块田共建一凼。鱼凼位置以田中或北端头为宜。凼口四周挖有缺口与鱼沟相通，并设闸门可随时切断通道。鱼凼设于田中宜于鱼类出入活动，设于北端宜于植树遮阴。宽沟式稻田养鱼以沟代凼，同样以鱼凼的要求设计和施工，其面积可按本田面积 8%～10%设计，沟宽 1.5～2.5 米，深 1.2～2 米，长度则按田块而定，其位置可横贯田中部，亦可沿田边而下。注意鱼凼或宽沟离田埂应保持 80 厘米以上距离，以免影响田埂的牢固性。鱼凼和鱼沟的具体形式根据稻田养鱼的养殖模式和稻田面积大小而定。

（5）进、排水系统及安装拦鱼设施

设进、排水系统要根据稻田集雨面积大小而决定排水沟（渠道）的宽窄、深浅。一般成片的稻田，上游水源有保证，进、排水沟应稍宽、稍深。进排水系统应建在田外，不能在稻田中串联。进排水口应开在稻田相对的两条田埂上。能使整个稻田的水流畅通，排水口的大小应根据田的大小和下暴雨时进水量的大小而定。进水口要比田面高 10 厘米左右，排水口要与田面齐平或略低。一般排水口宽 0.5 米。用条石或水泥预制板砌牢固，不垮塌。排水口要安装铁丝网，以确保鱼种不外逃，进水口也要安装防逃网。

（6）搭设鱼棚

夏热冬寒，稻田水温变化很大，虽有鱼凼、垄沟，对鱼的正常生活仍有一定影响，因此，可在鱼凼上用稻草搭棚，让鱼夏避暑冬防寒，以利鱼正常生长。此外，稻田养鱼还需要一些必备的简单渔具和用具，如鱼撮子、小抄网、小提桶和装运鱼的水桶、鱼盆等。

三、多熟制稻田生态种养的基本设施

1. 田垄

利用机械将稻田改造成宽 60 厘米、高约 45 厘米的梯形垄，从俯视的角度看垄宽约 27 厘米，水沟宽约 33 厘米。垄上种稻，沟内养鱼，见图 2-1。

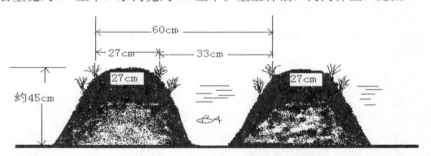

图 2-1　水稻垄作栽培稻田养鱼田间横截面示意图（垄上种稻，沟内养鱼）

2. 鱼沟、鱼溜

几种常见的"十"字形、"日"字形、"井"字形、"田"字形和"围"字形的鱼沟和鱼溜的位置见图 2-2～图 2-6。

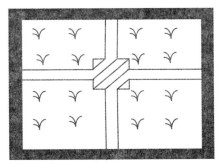

图 2 - 2　"十"字形鱼沟

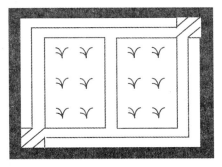

图 2 - 3　"日"字形鱼沟

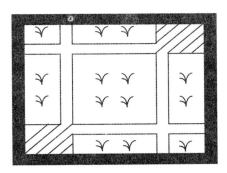

图 2 - 4　"井"字形鱼沟

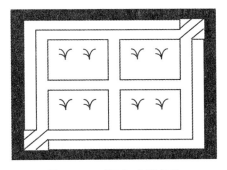

图 2 - 5　"田"字形鱼沟

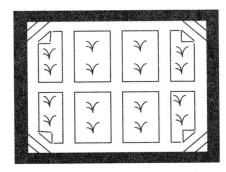

图 2 - 6　"围"字形鱼沟

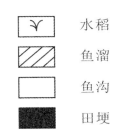

水稻

鱼溜

鱼沟

田埂

3. 越冬与越夏设施

（1）遮阴棚

稻田水位浅，尽管开挖了沟溜，但在夏秋烈日下，水温最高可达 39℃～40℃，影响鱼生长。因此，必须在鱼溜之上搭设遮阴棚，以防止水温过高。遮阴棚以竹木、钢管为架，棚高 1.5 米，棚的面积占鱼溜面积的

1/5～1/3，地点位于鱼溜的西南角。如鱼溜设在稻田中央，棚架上覆以稻草帘等，既可为鱼类遮阴、降温，又可提高稻田的综合利用效益。

（2）越冬准备

在稻田四周开好围沟，田中间开好"十"字沟或"井"字沟，在温热带地区一般沟宽70～80厘米，深40～50厘米，做到沟沟相通。在"十"字沟相交处挖一个6～10米^{2}的鱼凼，深80～100厘米，有条件的还应用稻草盖棚，以备越冬栖息。在北方寒冷地区，有的鱼种达不到商品鱼规格，当年出售经济效益低，待来年采捕时就必须准备越冬管理。有的稻田养鱼与坑塘相连，就没有必要开挖田沟，但不具备坑塘相连条件的，就必须开挖好田沟，而且比温热带地区要适当加深。水稻收割后，田间要加足水，结冻前要在田沟和中间"十"字沟或"井"字沟中间放上捆扎好的稻草捆，以备冬季增氧；大雪天还要破冰打洞，以防严重缺氧。

图2-7　稻田起垄栽培

图2-8　垄上种植水稻，沟内养鱼

图2-9　"十"字形鱼沟，田中设鱼池

图2-10　模式化稻田养鱼

第三章　多熟制稻田稻-油-鱼生态种养的水稻栽培与管理

一、水稻栽培与管理优化设计

1. 多熟制稻田生态种养耦合技术

水稻是我国最重要的粮食作物。在长期的生产实践中，劳动人民积累了多种形式的稻田养鱼、养鸭的生态种养方式。在双季稻区域，早稻收获后晚稻移栽、抛秧和直播等种植方式都有换茬期，产生农耗。同时传统的稻田翻耕种植方式易破坏土壤耕作层、保水保肥性能下降，且费时、劳动强度大、工效低。目前我国南方稻田95％以上的种植面积采用平作，其特点是基肥浅施、大水漫灌、田间湿度大、病虫害严重、土壤长期处于缺氧状态，容易积累还原性有毒物质，造成了养分、水资源的浪费，病虫害防治难度大，土壤质量劣变导致水稻生长不良等后果。另外南方部分冷水田水温太低，水稻在冷水中生长速度缓慢，严重影响稻谷产量。随着全球气候变化，我国南方地区降水发生了明显的变化，年降雨总量减少、季节分配不均，给水稻生产造成极大的困难。我国耕地面积有减少趋势，要确保粮食安全，追求单位面积的产量和提高水稻生产的附加值仍是主题。近年来，育种学家培育了许多高产优质品种，农业生态专家提出了诸多稻田种养耦合技术，但在大面积生产中，水稻栽培方法与稻田养禽、养鱼种养耦合技术配套不够，使水稻生产潜力难以发挥。

为了克服现有栽培方式不能有效解决秋播茬口造成季节紧张、劳力短缺和换茬期长的矛盾，并在水稻大面积生产中，推行稻田养鸭、养鱼等技术，最大限度地提高水稻生产的附加值，可采用"窄垄多熟密植适养"的技术体系，在这个体系中可以实现稻田单一的水稻生产向稻＋鱼＋鸡复合种养的转变。

2. 水稻垄作栽培技术

水稻垄作栽培方法，通过改变稻田的微地形，增加土地利用面积，扩大田面受光总面积，采用自然蓄水进行半旱式浸润灌溉，使沟内水容量增加，在不减少水稻种植面积和不专门设置养鱼涵沟的前提下，便于稻田养禽、养鱼、养蛙。水稻垄作栽培使土体内形成以毛管上升水为主的供水体系，土壤的通透性加强，土壤温度提高，有益微生物活动旺盛，有效养分增加，土体内水、肥、气、热协调，同时能有效降低田间相对湿度，减少病虫害的发生，起垄时肥料集中于垄中，有利于根系吸收，提高肥料利用率，达到提高产量、提高养分与水资源的利用效率的目的，为水稻种植应对气候变化提供一条新的途径。

水稻起垄栽培方法具体操作过程：先将一半的基肥撒施在稻田中，利用起垄机起垄的过程，将肥料集中并深施于土壤中，从而避免肥料的大量流失；起垄时在田中保持有浅水，起垄机带稀泥上垄，马上跟进插植水稻，方便插秧作业。对种植在垄上的秧苗进行后续培育，直至作物成熟、收获。水稻生长期间分别于分蘖期、幼穗分化期、抽穗期进行少量多次的追肥，以提高肥料利用率。全程采用自然蓄水进行半旱式浸润灌溉的水分管理方法，病虫害靠鸡、鸭、鱼等进行生态防治。

（1）大田起垄

为实施起垄栽培，在施足基肥的稻田中用起垄机起垄。如图3-1所示，相邻两条垄的距离 A 为 100 厘米，垄高 H 为 30～50 厘米；垄的两侧均为斜面（C 及 D），斜面与水平面的夹角 B 及 E 为 30°～60°（45°左右），垄的横断面约为等腰三角形。每一侧面种植 2 行水稻秧苗，株距为 10～15 厘米，行距 L 为 15～18 厘米，每穴 2～3 苗，以全田尺度统计，株行距离是 20 厘米×14 厘米。对稻苗进行后续培管，直至成熟收获。

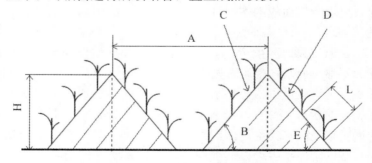

图 3-1　起垄栽培的横断面示意图

（2）追肥的施用及病虫害管理

追肥分三次进行。水稻移栽后 3 天左右以及在水稻幼穗分化期、抽穗期，按要求分别施入一定量的分蘖肥、幼穗分化肥和穗肥。移栽后 3 天左右选用除草剂除草，按相关技术要求大田放养鱼类。在水稻生长期间（生长的中后期），采用物理方法和药剂防治相结合防治突发病虫害，选用生物农药或高效低毒的农药，同时用药期间对鸭、鱼类进行短暂的隔离和集中。

水稻起垄栽培，稻田养禽、养鱼、养蛙，禽、鱼、蛙等在垄沟或垄上游戏和捕食，水稻在垄上和沟中生长，一水两用，减少稻田养殖的耗水量，但又不影响禽、鱼类的正常生长活动，还降低了甲烷排放量；实现禽、鱼粪等有机肥直接还田，有机肥当季利用，减少无机肥料的施用量，减少农药的使用量，降低化肥、农药造成的环境污染。

3. 晚稻套作早稻多熟制技术

水稻收割后的稻田免耕播种方式，能使土壤结构保持稳定，并节省大量翻耕土地所消耗的时间、机械和劳力，但是，不能有效解决秋播茬口季节紧张、劳力短缺和种植方式造成的接茬农耗以及稻田养鱼需要临时转场的矛盾。为此，可采用早稻中套条直播晚稻的栽培方法，即在早稻稻株的两行之间或两列之间不进行耕整，直接播种晚稻种子。它集合了套条播技术和直播技术，能充分利用早稻收获前适于晚稻播种出苗的条件，且减轻劳动强度，提高工效，稳产增效。其具体做法如下：

早稻收割前 5～12 天，用套播机械在田间套条直播晚稻种子（稻-稻套作共生）。机械直播显著提高播种均匀度，减少用工。晚稻种子的播种量常规稻为 45～60 千克/公顷，杂交稻为 22.5～30.0 千克/公顷。播后 10～15 天及时进行田间查苗补苗，移密补稀，使稻株分布均匀。因晚稻提前播种 5～7 天，出苗早、发苗快，生长健壮。其后田间管理按照收获早稻后免耕播种晚稻的田间管理方式进行。收获早稻当天至收获后一周内，第一次施肥并选用除草剂防治杂草；第一次施肥后 15 天左右进行第二次施肥，在孕穗期第三次施肥。晚稻生长过程中及后期采用稻田养鸭、养鱼，用黑光灯或频振式杀虫灯物理方法诱杀或药剂防治病虫害。管水坚持"芽期湿润，苗期薄水，分蘖前期间歇灌溉，分蘖中后期晒田，孕穗抽穗期灌寸水，壮籽期干干湿湿灌溉"的原则。及时进行化学除草。病虫害防治，苗期主要防治稻蓟马、稻象甲；中后期重点防治螟虫、稻纵卷叶螟、稻飞虱、纹枯病、稻瘟病和稻曲病。水稻成熟后适时收获。与现有栽培措施相比，本技术为秋播争取了时间，消除了茬口和农耗期，延长了晚稻的有效生育期；

缓解了劳力、季节紧张的矛盾；采用机械直播晚稻，减低劳动强度，提高工效；免耕栽培促进了晚稻早发快长，杂草出苗整齐，除草剂效果好；同时有助于改善土壤理化性状，保持土壤团粒结构。此法还使稻田养殖的动物转场期的时间间隔缩短，挖掘养殖潜力。

以上述两项新型水稻栽培与管理技术为基础，集成水稻清洁栽培与稻田清洁养殖技术精华，并将其耦合成稻-鱼、稻-禽丰产生态高值模式，具有先进性、创新性和实用性。

二、品种与搭配

稻田养鱼时，考虑到水稻与鱼类种养的耦合模式，稻-油、稻-稻-油、稻-稻种植模式以及不同鱼类、鱼禽的混养模式，水稻、油菜品种的选择与搭配至关重要。此外，品种搭配还要考虑当地的气候条件、环境条件、生产技术条件、作物品种特性等。以下各种"多熟制稻田稻-油-鱼生态种养模式"列出的水稻品种、油菜品种主要适用于长江中下游双季稻种植区。

1. 稻-稻-油-鱼耦合生态种养模式

"稻-稻-油"栽培，能保证粮食生产；又改善土壤通气性，降低还原有毒物质，有利于有益微生物的繁殖活动，促进有机物的矿化及其更新，增加土壤有效养分。水旱轮作结合增加有机肥料，还能改善土壤耕性，减少田间病虫害的发生。

长江流域等省区是双季稻主产区，但过去双季稻田中只有约20％面积种植油菜。其中有两大主要原因：一是油菜与双季稻季节矛盾，二是种植油菜机械化程度低，费工费时，导致这些田块每年1/3的光温水土资源没有得到充分利用。因此注意选择与"稻-稻-油"生产相配套和适应的水稻、油菜品种尤为重要。

（1）水稻品种选择和用量

总原则：水稻品种宜选择生育期适宜、较耐肥的"三抗"（抗倒、抗病、抗虫）品种。杂交稻秆壮穗大，是养鱼稻田的优良稻种。

①早稻品种选用：长江中下游地区，如湖南等省区可选用中早39、湘早籼29号、创丰1号、金优974、威优402、陵两优22、株两优819、陆两优996、长两优173、中嘉早17、淦鑫203等品种。"稻-鳖"种养模式可选用陵两优674、株两优4026等品种。

常规早稻种子用量4千克/亩，杂交早稻用种约1.5千克/亩。秧田每亩播种量 15 千克。

②晚稻品种选用：晚稻品种可选择全生育期约 115 天的品种，如湘晚籼 13 号、金优 207、丰源 299、T 优 207、丰优 2 号、岳优华占、金优 6530、H 优 636 等品种。

常规晚稻种子用量 3.5 千克/亩，杂交晚稻用种 1.5～2.0 千克/亩。如果杂交稻育秧移栽，可根据秧龄确定播种量，秧龄 20 天以内，每亩 10～20 千克；秧龄 20～25 天以内，每亩 15～17 千克；秧龄 30 天以内，每亩 10～12 千克。

（2）油菜品种选用

利用早熟或特早熟油菜新品种。如：湘油 11 号、中油 821、华油杂 10 号、1613、16NA、C868 等，可有效解决双季稻区发展油菜的问题，确保"稻-稻-油"生产无季节矛盾。生产中，油菜栽培一般采用条播、穴播或撒播等方式，播种量 0.2～0.25 千克/亩，在长江流域，一般品种直播密度每亩 2.0 万株左右；出苗后适当间苗 1～2 次。但随着播期的推迟，如迟到 10 月中旬以后，每亩播种量可增加到 300 克，密度每亩 2.5 万株左右为宜。

2. 稻油鱼耦合生态种养模式

长江流域水稻栽培区，稻油鱼耦合生产中的水稻品种，应选用生育期长、茎秆粗硬、耐肥、抗病虫的品种，而以杂交中稻或晚稻为主。

（1）水稻品种选择和用量

①中稻品种选用：中稻品种可选用 C 两优 87、C 两优 651、Ⅱ 优 918、Y 两优 527、Ⅱ 优 3301、Y 两优 1 号、Y 两优 2 号、Y 两优 7 号、Y 两优 9918、新两优 6 号、丰两优香 1 号、珞优 8 号、深两优 5814、C 两优 396、准两优 608、C 两优 4418、C 两优 9 号、C 两优 343、Y 两优 096、黄华占等生育期达到或超过 140 天的品种，以延长稻田养鱼的生长周期。

常规稻种子用量 4 千克/亩，杂交稻用种 1.5～2.0 千克/亩。

②晚稻品种选用：晚稻品种可选用湘晚籼 13 号、丰优 207、金优 207、Y 两优 9918、准两优 608、C 两优 4418、C 两优 9 号、C 两优 343、Y 两优 096、天优 998 等品种。

常规稻种子用量 3.5 千克/亩，杂交稻用种 1.5～2.0 千克/亩。

（2）油菜品种选用

与中稻栽培相配套，"稻-油"轮作对油菜品种的全生育期要求不严，绝大多数甘蓝型的双低油菜或杂交品种均可与中稻配套轮作栽培。如秦油 2 号、秦优 8 号、沪油杂 1 号、湘油 15 号、湘杂油 1 号、湘杂油 6 号、湘杂油 753、湘杂油 188、中油杂 11 等品种。

与晚稻栽培相配套，"稻-油"轮作栽培，油菜品种宜选择生育期较短的早熟或中熟品种，如湘油 15 号、湘油 11 号、中油 821、中双 8 号、1613、16NA、C868 等。

油菜种子用种量：0.2～0.25 千克/亩。

3. 稻-稻-鱼耦合生态种养模式

长江流域双季稻栽培稻田养鱼，水稻品种应选用生育期较长、茎秆粗硬、较耐肥、抗病虫的品种。

（1）早稻品种选用

早稻品种可选用中早 39、湘早籼 29 号、金优 974、威优 402、天优华占、陵两优 22、株两优 19、长两优 173、潭两优 215、陆两优 996、陵两优 268、陵两优 104、株两优 4042、株两优 611、金优 555、株两优 90、潭两优 83 等品种。

每亩用种量与"稻-稻-油-鱼耦合"模式中的早稻品种相同。

（2）晚稻品种选用

晚稻品种应选择与早稻栽培相配套的双晚品种，如 T 优 118、金优 207、H 优 636、丰源优 358、中优 161、奥龙优 282、天优华占、五优 308、湘丰优 9 号、湘丰优 103、天优 998、中优 218、Y 两优 86、H 优 518、盛泰优 971、丰优 2 号、农香 18 等品种。

以上双季稻栽培模式，具体选择还应考虑各品种的具体生育期和栽培方式。

每亩用种量与"稻-稻-油-鱼耦合"模式中的晚稻品种相同。

4. 稻-鱼耦合生态种养模式

"稻-鱼"生态种养模式，水稻品种的选用与"稻-油-鱼"模式基本一致；应选用生育期长、茎秆粗硬、耐肥、抗病虫的品种，以杂交中稻或晚稻为主。

（1）中稻品种选用

中稻品种可选用 C 两优 87、C 两优 651、Ⅱ优 918、Y 两优 527、Ⅱ优 3301、Y 两优 1 号、Y 两优 2 号、Y 两优 7 号、Y 两优 9918、深两优 5814、C 两优 396、准两优 608、C 两优 4418、C 两优 9 号、C 两优 343、Y 两优 096、黄华占等生育期长的品种。

中稻一季稻大田用种量每亩 1.2～1.5 千克，秧田每亩播种量 10～12 千克。

（2）晚稻品种选用

晚稻品种可选用丰优 207、金优 207、两优 2469、C 两优 343、Y 两优 096、金优 601 等。

用种量：常规稻种子用量 3.5 千克/亩，杂交稻用种 1.5～2.0 千克/亩。

三、育秧与移栽

早稻育秧实行薄膜湿润育秧或软盘温室大棚育秧方式，中、晚稻浸种催芽破胸后播种实行软盘育秧、湿润育秧方式。

（一）育秧物质准备

软盘抛秧，每亩大田准备 434 孔 65 片、353 孔或 308 孔软盘 80～90 片，每亩大田准备长 250 厘米左右竹弓 25 根左右，同时准备宽 30～50 厘米、长约 200 厘米的竹胶板或三合板，用于播种时挡芽谷；盘育机插秧，常规稻每亩大田准备软盘（58 厘米×28 厘米×2.5 厘米）32 片左右，杂交稻 25～28 片。地膜宜选用 0.21 毫米厚的优质地膜（0.25 毫米地膜：1.25 千克/亩）。采用大棚育秧的，到专业生产企业订制育秧大棚和支架。

（二）秧田准备

选择背风向阳、地势较高且平坦、无污染、杂草少、基础条件好、排灌方便、运秧方便的肥沃稻田作秧田；采用水稻垄作栽培的，主要采用软盘育秧和湿润育秧方法。软盘育秧按秧田与大田 1∶20、湿润育秧按 1∶8 的比例准备好秧田。旱育秧同软盘旱育秧床整地。

（三）翻耕整厢

2 月下旬以前翻耕好秧田，按照南北方向整理好秧厢。软盘抛秧的秧厢厢面有效宽度为两个秧盘的长度外加留 15 厘米，厢沟宽 30 厘米、深 15 厘米左右，腰沟深 20 厘米左右，围沟略深，做到沟沟相通。湿润洗插秧同样按要求整好，开好三沟，厢沟宽 20 厘米，深 15 厘米；厢宽为 150 厘米左右。厢面上糊下松，沟深面平、软硬适中。厢长视田块形状确定，一般不超过 20 米，整好后的秧床板面要达到"实、平、光、直"，无杂草，表层有泥浆。

播种前 7 天左右，施好秧田基肥。每亩秧田施腐熟的人畜粪或土杂肥

750～1000 千克，或 40％复合肥 10 千克，或每亩秧田施入 25％复合肥 25～30 千克作基肥。肥力好的田块酌情少施或不施。

（四）种子处理

播种前的种子处理主要包括晒种、浸种消毒、催芽、多效唑拌种（注意浓度）等主要技术环节。

1. 晒种选种

浸种前选晴天晒种 1～2 天，可用彩条布或晒垫晒种，避免在水泥地上暴晒。杂交稻只摊开透气不晒种。选用风选、筛选或水选，水选一般用黄泥水、盐水，溶液比重为 1.05～1.10，选种，将浮在水面上的空秕粒和半壮谷全部捞出，然后将沉在容器底部的种子取出在清水中洗净，准备浸种。杂交稻种子饱满度较差，一般用清水选种，将不饱满种子分开浸种催芽。

2. 浸种消毒

水温 30℃时浸种 30 小时左右，水温 20℃时浸种 60 小时左右，浸种时间不宜过长，实行"少浸多露"。杂交稻种子不饱满，发芽势低，采用间隙浸种或热水浸种的方法，以提高发芽势和发芽率。浸种时用咪酰胺、强氯精进行种子消毒。用 1 克强氯精对水 500 克浸泡种子 500 克，早稻常规种子先浸泡 10～12 小时，沥干后再用咪酰胺或强氯精浸种消毒 10～12 小时，保持液面不搅动，使水面高于种子面 3～4 厘米，然后洗尽药液再浸泡。确保育秧生产中不发生恶苗病、立枯病、苗稻瘟等病害的危害。稻种吸足水分的标准是谷壳透明、光亮，米粒腹白可见，米粒容易折断而无响声。将浸种消毒好的种谷冲放于箩筐中，用水管放水冲洗 3～5 分钟，至种谷没有药味为止。

3. 催芽

早稻稻种催芽有传统方法与现代方法两种。传统方法催芽，采用带热保温催芽。催芽前，将浸好的种谷洗干沥干，然后用"两开一凉"温水（55℃左右）浸泡 5 分钟，再起水沥干上堆，保持谷堆温度 35℃～38℃，每隔 6 小时定期翻动种谷，水分不足时，边洒水边翻动，以满足种子对水分的要求；30℃时 20 小时后开始露白。种谷破胸露白后，翻堆散热，并淋温水，保持谷堆温度 30℃～35℃，齐根后适当淋浇 25℃左右温水，保持谷堆湿润，促进幼芽生长。各地采取的简易催芽器催芽和其他保温方式催芽效果也比较好，操作简便，容易控制。催芽后注意翻堆散热保持室温，可把大堆分小，厚堆摊薄，播种前炼芽 24 小时左右。遇低温寒潮不能播种时，可延长芽谷摊薄时间，结合洒水，防止芽、根失水干枯，待天气转好时播种。每次催芽的种子数量不宜太多，防止"烧包"。要推广温室等设施催芽，控制催芽风险。

　　大批量催芽，可采用种子催芽器催芽，按育秧面积进行早稻种子集中催芽。实践证明，该种子催芽器具有以下特点：①性能稳定，操作简单，省时省心。催芽器结构简单，由微电脑控制，操作简单易懂，可根据用户设定自动调控温度，同时具有无水报警、温度出错报警等功能；据实践测算，与传统催芽方法相比，每催芽 200 千克种子，可以节约人工 2 个以上。②安全可靠，催芽风险小。催芽器原理简单，采用微电脑控制，温度控制精度高，以恒温含氧量高的热水不断淋洗种子，种子受热均匀，催出的芽谷气味香，无"烧包"、"滑壳"现象，大大降低了早稻浸种催芽的风险。③发芽率高、出芽整齐。据调查，使用种子催芽器催芽比其他方法催芽平均发芽率要高出 5%～10%；提高种子发芽率，能直接为农民朋友减少种子用量，降低生产成本，同时也有利于培育壮秧。④破胸快，催芽时间短。一般将温度设置在 32℃～35℃ 的范围内，一个催芽器在 20 个小时左右即可使 200～250 千克种子整齐破胸，比传统方法快 10 个小时以上，效率高。在集中育秧时，可节约大量催芽时间，有利于抢晴好天气播种，播后出苗整齐，秧苗素质好。

　　中稻及一季稻浸种催芽。播种前晒种 1 天左右，用清水选种，将浮在水面上的半壮谷全部捞出，用网袋隔开一起浸种。湿润育秧的浸种催芽，按日露夜浸方式进行，浸种时间一般为 2～3 天，用咪鲜胺、强氯精或其他药剂浸种杀菌。在控制温度、湿度条件下催芽。旱育秧播种破胸谷，湿润育秧播种"根长一粒谷芽长半粒谷"的芽谷。

　　晚稻不需高温催芽，浸种消毒破胸后即可播种；浸种按"三起三落"法，即晚上浸种至第 2 天上午，上午起水至当天晚上，连续循环 2～3 次后即可。

（五）秧田播种

1. 播种时间

　　（1）早稻播种：早稻湿润洗插秧宜 3 月下旬，日平均气温稳定通过 12℃ 时，选晴天，抢"冷尾暖头"天气播种。软盘育秧一般比湿润洗插秧提早 2～3 天，可在 3 月 15 日至 25 日播种。

　　（2）中稻播种：根据各品种说明书要求，确定播种时期。中稻品种播种一般在 4 月下旬至 5 月初。如在湖南省，采用湿润育秧的，在海拔 500～700 米地区，迟熟品种于 4 月 13 日左右播种，海拔 800～1000 米地区，"谷雨"播种，海拔 1000 米以上地区，提倡在低海拔地方借田育秧，秧龄控制在 30～35 天。采用旱育秧方式的，播种期可比当地湿润育秧提早 10～15 天，在日均温稳定通过 8℃时播种。

（3）晚稻播种：一季晚稻播期在 5 月下旬～6 月上中旬，可参照当地主栽品种的播种期同期播种。双晚播种时间在 6 月中下旬；具体时间根据当地安全齐穗期和品种生育期确定。以能安全齐穗为标准，湘北安全齐穗期为 9 月 10 日以前，湘中为 9 月 15 日左右，湘东、南为 9 月 20 日以前；播种期，早熟品种宜在 6 月 18～26 日，中熟品种宜在 6 月 15～22 日，迟熟品种宜在 6 月中旬，特迟熟品种宜在 6 月 5～15 日，在此范围内湘北宜早，湘东、湘南宜迟。直播需稍加大播种量，每亩大田用种量近 3.0 千克，确保 8.5 万～10 万基本苗数。

2. 湿润洗插秧育秧播种

按前述翻耕整厢规定的要求秧厢在播种前 2～3 天做好。湿润洗插秧，将壮秧剂拌土均匀撒施在秧田表层，再耙入 2 厘米土层内，厢面用木板整平后播种，泥浆塌谷。禁用拌有壮秧剂的细土直接盖种、拌种或与种子混播。

3. 软盘育秧播种

采用泥浆法塑盘湿润育秧是目前南方双季稻抛栽采用最为广泛的方法。原因之一是利用秧沟肥泥作为盘育苗床土，就地取材，无须事先准备床土，并且成苗率较高。原因之二是适于早稻 20～25 天秧龄、晚稻 15～20 天秧龄品种搭配模式的应用，结合使用降低浓度的多效唑或烯效唑等植物生长调节剂控高促蘖。连作晚稻或单季晚稻地区秧龄可以掌握在 25～30 天，有利于熟期较长的高产品种应用。

采用软盘抛秧，将壮秧剂与一定量的过筛细土充分拌匀后分成两等份，一份均匀撒施在秧田表面，摆放软盘；另一份均匀撒施在软盘内，然后再加入适量过筛细土或糊泥，沉实后播种。催好的芽谷摊凉后即可播种，根据亩用种量和软盘数量确定每厢的用种量，分厢过秤，均匀播种，播种后用扫帚将盘面上的芽谷扫入盘孔内，并用未拌壮秧剂的厢沟泥浆轻踏谷。目前主要采取将催好的种子与营养土拌匀，再播入秧盘中。播种时，先将三分之一的营养土撒入秧盘孔内，再将三分之一的营养土按比例与种子拌匀，播入秧盘内，最后将剩余的三分之一营养土覆盖，并将盘上的种子和泥土扫尽，以免秧苗串根，影响抛秧的质量。然后将土喷湿盖膜。要求种子按量过秤。一般常规早稻每孔播 3～4 粒，每张秧盘播芽谷 50 克，拌土的可增加用种量 10％；杂交稻每孔 2 粒，每盘用种量 25 克左右。

播种后盖膜前，每亩秧田用 45％敌克松 120 克对水 30 千克均匀喷雾到厢面，对秧床进行消毒。最后覆膜，采用低拱地膜覆盖，盖膜后，四周用泥压紧压实。播后秧田以湿润管理为主。中、晚稻育秧视情况可不施或少施壮秧剂。

4. 炼苗

早稻移栽前通过控水炼苗，减少秧苗体内自由水含量，提高碳素水平，增强秧苗抗逆能力，是培育壮秧的一个重要手段，控水时间应根据移栽前的天气情况而定。早稻秧由于早播早插，栽前气温、光照强度、秧苗蒸腾量均相对较低，一般在移栽前 5 天控水炼苗。控水方法：晴天保持半沟水，若中午插秧卷叶时可采取洒水补湿。阴雨天气应排干秧沟积水，特别是在起秧栽插前，雨前要盖膜遮雨，防止床土含水率过高而影响起秧和栽插。

换气炼苗具体方法：根据气温及时通风炼苗，炼苗要逐渐进行。揭膜原则：晴天早上揭，阴天中午揭，小雨揭两边，大雨揭两头。播种至出苗期，以保温保湿为主；播种后至出苗前薄膜内温度最高不能超过 30℃；二叶一心前不随意揭膜，大风大雨之后要巡查护膜；低温阴雨过后遇晴天，切忌突然揭膜，应先通风炼苗再揭膜。二叶一心期应逐步通风炼苗，膜内温度控制在 20℃左右，超过 25℃要及时揭膜通风降温，以防高温伤苗和秧苗陡长。三叶一心后，选择晴天下午撤膜，撤膜前一定要灌水上厢面，以防青枯死苗；揭膜前如遇阴雨天气，雨后应及时清除膜上的积水。抛栽前 3～5 天，应充分炼苗，提高秧苗的抗低温能力。炼苗采取"两头开门、侧背开窗、一面打开、日揭夜盖、最后全揭"。日平均气温低于 15℃时不宜揭膜，待寒潮过后再揭膜，撤膜后如遇强寒潮冷害天气，须继续盖膜护秧。晚上低于 12℃，盖膜护苗。揭膜前须灌水上秧板，以水调温，以水护苗。

中稻除秧苗期遇寒潮低温，灌深水护苗外，出苗后应提早揭膜炼苗。晚稻露地育苗，苗期注意防高温和暴雨。

（六）秧田水肥及病虫害管理

1. 早稻秧田水肥管理

（1）科学管水

出苗前保持厢面湿润促出苗，出苗后旱育管理为主促根系生长，如遇强寒潮天气，厢沟应灌深水护秧。寒潮过后逐步降低水层，防止秧苗生理失水，导致青枯死苗。如遇高温天气应灌水护秧。即：水分管理，掌握晴天平沟水，阴天半沟水，雨天排干水的管理办法。秧苗3叶期以前，先湿后干，保持盘土湿润不发白。做到秧苗不卷叶不灌水。秧苗3叶期，水可上秧板。秧苗4片叶到移栽前应进行旱管或浅水湿润灌溉，沟内不能有水。早稻育秧后期遇冷空气或下雨天气及时盖回薄膜保温防湿；遇强冷空气侵袭时，应灌拦腰水护苗，但水不要淹没秧心。移栽前3～4天控水，促进秧苗盘根老健，如遇大雨，需盖膜遮雨；雨后应排干田间水分。

对于软盘育秧的，由于苗床在摆盘前已浇足水，播后营养土又湿润，且加盖薄膜保温保湿，所以播种后至出苗前以保湿出苗为主，一般不必补水，即不开棚、不浇水。只有当苗床发白影响出苗时，才揭膜补水。如果发现苗床面湿度过大，则要揭膜通风，降低湿度，防止烂芽、烂种。一般不灌水上盘，防止串根；遇低温寒潮或施肥时，应短时间灌水上盘护苗。移栽前3～4天排干秧田水，控干盘内土壤水分，以便分秧抛秧。二叶一心期秧厢上浅水，但秧盘不上水，要严防长时间灌水上盘面，导致盘面沉积浮泥使秧苗串根；以后，晴天平沟水，雨天放干水，及时通风，揭膜炼苗。

（2）苗期施肥

根据苗情及时追施断奶肥和送嫁肥。喷施多效唑或烯效唑控苗。一叶一心期，视苗情每亩秧田喷施5％烯效唑百万分之五十药液或15％多效唑百万分之五十至百万分之一百药液50千克。均匀喷施，不漏喷、不重喷，控长促蘖。

二叶一心期，灌浅水上秧盘或厢面；在抛秧前2～3天追施送嫁肥，每平方米秧板用尿素25克对水3千克喷施，每次喷施肥液后均要及时用清水洗苗，以免肥害烧苗。或打好秧苗"送嫁药"：在抛秧前2～3天，亩用40％三唑磷100毫升加75％三环唑60克（加3千克尿素），对水30千克喷雾。

早稻软盘播种湿润育秧：秧苗一叶一心时，施好断奶肥，一般在播种后的7～8天为宜，亩用尿素5千克，对水1000千克在傍晚洒施或均匀喷施，施后要洒一遍清水，以防烧苗。如育秧期间气温高，秧苗容易徒长，宜在一叶一心期喷施多效唑。施用壮秧剂的秧田一般不施化肥和多效唑。后期叶色偏黄的要追施起身送嫁肥，插秧前4～5天，每亩秧田用尿素4～5千克，对水500千克，下午4点后均匀喷施，施后要洒一遍清水，以防烧苗（注意在雨天不宜施肥）。

（3）病虫害防治

秧苗期根据病虫害发生情况，做好防治工作。同时，炼苗时应经常拔除杂株和杂草，保证秧苗纯度。早稻因低温阴雨易产生病害，要注意预防；秧苗期主要病害有立枯病、绵腐病等。

当秧苗出现烂秧、死苗时，先用清水洗苗，后用 65％敌克松 0.1 千克对水 50 千克浇施，以控制病情。亦可在秧苗一叶一心期喷施一次 45％敌克松（每亩秧田 150 克对水 45 千克），防止秧苗发生绵腐病和立枯病。如秧苗期发现稻瘟病，则在抛秧前 3～4 天，每亩秧田用三环唑 50 克对水 30 千克喷雾。

绵腐病发病较早，一般在播种后 5～6 天即可发生，主要发生在阴雨潮湿或渍水较多的秧田。危害幼根和幼苗。最初在稻谷颖壳裂口处，或幼芽的胚轴部分出现乳白色胶状物，逐渐向四周长出白色棉絮状菌丝，呈放射状。菌丝萌发产生游动孢子，游动孢子借水流传播，侵染破皮裂口的稻种和生育衰弱的幼芽，若遇低温绵雨或厢面秧板长期淹水，病害会迅速扩散，随后病苗又不断产生游动孢子进行再次侵染。以后长出白色绵状物，最后变成土黄色，种子内部腐烂，幼苗逐渐枯死，发病严重时整片腐烂并有臭味。

绵腐病主要防治措施：①加强水分管理。湿润育秧播种后至现芽前，秧田厢面保持湿润，不能过早上水至厢面，遇低温下雨天短时灌水护芽。一叶展开后可适当灌浅水，2～3 叶期以保温防寒为主，要浅水勤灌。寒潮来临要灌"拦腰水"护苗，冷空气过后转为正常管理。②喷药保护。播种前用敌克松进行苗床消毒。一旦发现中心病株后，应及时施药防治。每亩可用 25％甲霜灵可湿性粉剂 800～1000 倍液或 65％敌克松可湿性粉剂 700 倍液或硫酸铜 1000 倍液均匀喷施。绵腐病发生严重时，秧田应换清水 2～3 次后再施药。发病严重的秧田可间隔 5～7 天再施药一次，以巩固防治效果。

立枯病发病较晚，三叶期秧田最易发病。多发生在旱播秧田上，气候干冷或土壤干旱缺水时容易发生此病，其田间发病症状是：早期发病，秧苗枯萎、茎基部出现水浸状腐烂，手拔易断；后期发病，常是心叶萎垂卷曲，茎基部腐烂变成黑褐色，潮湿时病基部长出淡红色霉状物。受害秧苗根基部干腐，然后整株呈黑褐色干枯，拔出易断，发病严重时成片枯死。

防治立枯病可选用 25％敌克松 500～700 倍液、50％使百克 800～1000 倍液或 80％甲基托布津 800～1000 倍液防治。

此外，移栽前 2～3 天喷施一次长效农药，秧苗带药下田。早、中、晚稻药剂可采用每公顷秧田用 2％春雷霉素 AC 100 毫升对水 450 千克均匀喷雾。

2. 中稻、晚稻秧田水肥管理

（1）中稻一季稻秧田水分管理及科学施肥

①水分管理：芽期晴天满沟水，阴天半沟水，雨天排干水，烈日跑马水，保持秧板土壤湿润和供养充足。中稻秧苗如遇寒潮低温，灌深水护苗，低温过后逐步排浅水层，以免造成秧苗生理失水，导致青枯死苗。带土秧仍要保持湿润，不留水层，以水控苗，防止徒长。中稻湿润育秧，前期湿润管理，后期水管。软盘旱育秧，苗期坚持旱育，控制秧苗高度，防徒长，如秧苗中午卷筒，要浇水，但量要少，水滴要细，不要将孔内的土壤冲动。移栽前1天下午浇水湿润盘土。

②肥料管理：基肥亩施配方肥20千克，全层使用。亩大田苗床施壮秧剂1包，用钉子耥耙将表层松土来回混合耙匀。3叶期亩施尿素5千克；插秧前4天亩施尿素5千克。

（2）双季晚稻秧田水分管理及科学施肥

①水分管理：晚稻播种时气温高，为防止秧板晒白，晴天可在傍晚灌跑马水，次日中午前秧板水层渗干，切忌秧板中午积水，造成高温烫苗。播种前至3叶前湿润灌溉，3叶期后浅水勤灌，防止硬板。三叶一心期移密补稀。

②肥料管理：一般每亩秧田施腐熟有机肥1000千克、碳酸氢铵15千克，结合耕耙时施下，肥力较高的田块可适当减少用肥量。配施过磷酸钙约20千克、氯化钾7.5千克，做毛秧板时施下。肥力较高的田块可适当减少用肥量。旱育秧苗床结合整地苗床每亩施1000千克腐熟有机肥、硫酸铵35千克、过磷酸钙35千克、氯化钾25千克做底肥。使用壮秧剂后，可不用施化肥及床土消毒。移栽前3天亩施5千克尿素做"送嫁肥"，做到带肥移栽，促进大田提早返青。

③连作晚稻基肥：亩施过磷酸钙30千克、尿素7.5千克、氯化钾7.5千克。断奶肥：亩施尿素7.5千克。起身肥：拔秧前4天亩施尿素10千克。

（3）中稻、晚稻秧田病虫害防治

中、晚稻秧田主要虫害有蓟马、叶蝉，病害有稻瘟病、纹枯病。

近年来，稻蓟马在长江流域水稻主产区危害呈上升趋势，其生活周期短，发生代数多，世代重叠，一年可发生10～15代，以成虫在禾本科杂草上越冬，主要危害单季稻和晚稻秧苗，尤其是晚稻秧田和本田初期受害最重。7、8月低温多雨，容易发生危害。成、若虫以口器锉破叶面，造成微细黄白色伤斑，自叶尖两边向内卷折，渐及全叶卷缩枯黄。分蘖初期受害重的稻田，苗不长、根不发、无分蘖，甚至成团枯死。晚稻秧田受害更为严重，常成片枯死，状如火烧。穗期成、若虫趋向穗苞，扬花时，转入颖壳内危害，造成空瘪粒。

稻蓟马防治要点：①农业防治。调整种植制度，尽量避免水稻早、中、晚混栽，相对集中播种期和栽秧期，以减少稻蓟马的繁殖桥梁田和辗转危害的机会；结合冬春积肥，铲除田边、沟边杂草，消灭越冬虫源；栽插后加强管理，合理施肥，在施足基肥的基础上，适期适量追施返青肥，促使秧苗正常生长，减轻危害。②化学防治。采取"狠治秧田、巧治大田；主攻若虫，兼治成虫"的防治策略，依据稻蓟马的发生危害规律确定防治适期，在秧田秧苗四五叶期用药1次，第二次在秧苗移栽前2～3天用药，药剂可选择高含量吡虫啉、吡蚜酮等。

（七）大田种植

根据秧龄与耕作制度确定抛栽时间。一季中稻或一季晚稻（稻鱼种养耦合）有充分生长时间，又无前后茬矛盾，可根据品种生育期长短确定适宜的秧龄。双季稻（稻稻鱼种养耦合）和三熟制的双季稻（稻稻油鱼种养耦合），前后生育重叠，季节矛盾较大，要依前作熟期来确定秧龄。

1. 早稻抛栽

稻田养鱼应以带蘖大壮苗移栽，分蘖已在秧田形成，使移栽后尽量早活蔸，得以灌较深的水层放鱼，并可提高分蘖成穗率，还可以减少晒田的次数和缩短晒田时间。塑盘育苗的秧苗期短，秧苗弹性小，掌握"迟播早抛"的原则，当秧苗生长到适宜的叶龄时要尽快移抛到大田，但要避免在北风天或雨天抛秧。

双季早稻抛栽期：应在当地日平均温度稳定通过15℃时进行，旱育秧和软盘秧在3.9～4.3叶期移栽或摆栽；湿润育秧在5～6叶龄移栽，秧龄期为25～30天。前作为三熟制油菜田要求在5月10日以前移栽，其他要求在4月30日以前移栽。插植密度每亩栽插（抛）基本苗8万～10万。如稻田垄作，株距为8～12厘米，行距为15～18厘米，杂交稻每穴2～3苗，常规稻每穴4～5苗。

2. 中稻抛栽

中稻根据不同品种的分蘖特征，确定适宜的基本苗数。一般来说湿润育秧，6～7叶移栽，带1～2个分蘖；每亩插基本苗8万左右。土壤肥力较低、插秧较迟的田，每亩插基本苗8万～10万；在此范围内，迟熟类型品种可适当稀，中熟类型品种可适当密，起垄栽培按前面所述可密植。旱秧冬闲田 5.0～6.0 叶移栽，前作为油菜的田 6.5～7.0 叶移栽，每亩栽插 5 万～6 万苗。

3. 晚稻抛栽

一季晚稻：秧龄控制在 25～30 天内，每蔸栽插 2 粒谷秧，种植密度 （16～20）厘米×（20～26）厘米。双季晚稻：适龄移栽，抛秧移栽秧龄在 15～18 天，手工栽插一般在 25～30 天内；手工栽插，合理密植，每穴栽插 2 粒谷苗，每亩栽插 1.5 万～2 万穴，行株距 20 厘米×20～26 厘米。插秧 前提前整好大田，尽量减少取秧、运秧过程中的秧苗损伤，不抛栽隔夜秧。 杂交稻生长势强，株行距以 15 厘米×20 厘米或 20 厘米×20 厘米为宜。

四、水肥管理

（一）早稻大田水肥管理

早稻秧苗移栽后，即转入大田管理，技术措施主要应把好"调控水分、 化学除草、及时晒田、巧施穗粒肥、防治病虫害"等环节。

养鱼稻田水肥管理总原则：应施足基肥，基肥以有机肥为主，搭配复 合肥，少用或不用碳酸氢铵，以免影响鱼的生长。栽后 3～5 天每亩浅水追 肥 5～6 千克尿素，以促分蘖。追肥分两次进行。栽后 25 天左右，待苗接近 计划穗时，及时搁田。搁田前，将鱼沟、鱼涵内的淤泥清理一遍，以增加 水容量。保证搁田期间鱼沟内的水量，并保持水质的新鲜。晒田时间不宜 过长。

1. 水分管理

管理原则：做到"薄水立苗、浅水活蘖、适期晒田、后期干湿管理"。 科学调控田间水分，不同时期采取不同的灌水方法。分蘖期：浅水勤灌及 时晒田；孕穗期：做到灌好"保胎水"，采取干湿交替，以湿为重的间歇灌 溉法；灌浆结实期：保持田间湿润。但大田水分管理要结合田间养鱼的具 体情况进行，以方便鱼类的活动生长。

（1）返青期：抛秧后 3～4 天内田面不上水，以促进扎根。以后大田保 持浅水湿润灌溉，晴天可灌 3～5 厘米深水，阴天灌刮皮水，雨天可排干水， 以利立苗促早分蘖、多分蘖。（如果返青期早稻因气温较低，白天灌浅水， 晚上灌深水，以提高泥温和水温，有利发根成活，寒潮来临时则应适当深 灌，护苗防寒）。立苗后应浅灌多露，促深扎根防倒伏。

（2）分蘖期：抛秧后 5～7 天，结合追肥和施用除草剂实行浅水灌溉，促进分蘖。分蘖末期适时晒田。当苗数已基本接近所要求的穗数的 80％时，即可排水露田，宜早露，以控制无效分蘖，防止分蘖群体过大，争肥耗养，以至于后期出现贪青倒伏，造成结实率下降。晒田，多次露田控苗促根。禾苗长势好的重晒，长势一般的晒至田间表层起硬皮即可，长势差和水源不足的田块的以露田为主。晒田标准以田间土壤龟裂而又脚踩不陷为度，即晒到田面有小裂，一般在搁晒 5～7 天后，如田中现白根时及时复水。抛秧田由于分蘖节位低，分蘖快、分蘖早、分蘖多，应提早晒田，比常规育秧大田一般早 6～7 天，每亩苗数达 25 万～26 万时（够苗期：所谓够苗即是苗数达计划穗数的 80％，达到够苗的时间为够苗期，在正常天气条件下，抛秧在抛后约 18 天达到够苗）即应晒田。晒田后复水，保持浅水层至抽穗扬花。确保灌排水畅通，以后要采取间歇灌溉，干湿交替，活水到老，切记断水过早，影响千粒重。雨水较多时，要注意排水。

（3）孕穗期：湿润灌溉。当抛秧早稻进入幼穗分化中期，对水分最为敏感，要实行浅水勤灌，做到以水调气、以气养根、以根养叶。幼穗分化后，除了施肥时需要灌薄水层几天之外，一般以灌"跑马水"保持田土湿润状态为主，不可断水。

（4）抽穗期：生产中在抽穗前后应采取干湿交替的间歇灌溉方式，抽穗期间浅水灌溉，做到有水抽穗，以利于抽穗整齐和成熟一致。有干旱前兆时，后期田间不要轻易放水，始终保持水层，以免无水可灌，造成因旱减产。抽穗扬花期，田间要保持水层。

（5）齐穗期：仍要保持浅水层，本阶段以干湿交替、间隙灌溉为主，切忌长期淹灌，也不宜断水过早，确保田间清水硬板，养根保叶，提高根系活力。齐穗后进入灌浆期，做到田间干干湿湿，以湿为主，视情况灌 1～2 次跑马水，直到收前 5～7 天才脱水，切忌过早断水。

（6）灌浆结实期：灌浆时要保持浅水层，稻穗勾头后实行干湿交替管理。采取间歇灌溉方式，灌浆期后期不要断水过早，确保干干湿湿活到老，防止禾苗早衰。

（7）成熟期：成熟收获前 5～7 天断水；避免高温逼熟、千粒重下降而影响产量和品质。

2. 肥料管理

施肥原则：根据各品种需肥特性，合理施肥。前期基肥施肥量约占 70％；中后期追肥占约 30％，以追施穗肥为主。做到施足基肥，早施追肥，巧施穗肥，配施磷、钾肥，后期严控氮素（不要施氮肥过多、过晚）。晴天施肥，阴雨天、闷热天不施肥。化肥施用要少量多次，不能撒在鱼集中或鱼多的地方，如鱼坑、鱼沟内。看水施肥，稻田中水体的透明度低于 30 厘米时，不用施肥，透明度 35～40 厘米时，说明稻田水中的肥力不足可追肥。

（1）基肥：在大田准备时完成。插秧前要施足基肥，基肥占总肥量的 60%～70%，每亩施用复合肥 30～40 千克。

（2）早施分蘖肥：移栽后 5～7 天结合除草每亩施尿素 5～7 千克作促蘖肥，同时减少草害和养分的亏缺。施肥时，先放浅田水，保持水层约 1 厘米深。

（3）巧施穗肥：晒田复水后施穗肥，早稻拔节后施用穗肥对巩固有效分蘖，提高每穗粒数有显著效果。

适时适量施好穗肥：适时，以幼穗分化 4～5 期最合适（方法：徒手剥检幼穗观察，外观形态特征为幼穗长度达 1 厘米，可见粒粒颖壳）。适量，叶色落黄的适当多施；特别是抛秧早稻由于苗数较多，搁田后容易落黄，此时（时间大致在 5 月底至 6 月初）应根据天气和苗情，结合复水施好肥料。苗势落黄的稻苗一般亩用尿素 2.5～5 千克（或亩施尿素 2.5～3 千克，配施氯化钾 3～5 千克作壮苞肥；或高效复合肥 12.5～15 千克）。叶色没褪淡的不施尿素，但钾肥不变；对基蘖肥施用量大、分蘖发生早、群体苗数多、长势偏旺的田块，则不必施用穗肥。

（4）粒肥的施用：在始穗期每亩用磷酸二氢钾等叶面肥对水 100 千克叶面喷施，以增强禾苗后期长势，防止早衰，提高水稻结实率，增加粒数和粒重。

水稻后期（齐穗后进入灌浆期），看苗补施壮籽肥，以满足后期禾苗对养分的需要。施肥可采用根外喷洒方法，如用 2% 尿素溶液或 0.1%～0.2% 磷酸二氢钾溶液，亩施 150 千克肥液；或者喷施谷粒饱、粒粒饱、叶面宝等专用壮籽肥；以达到青秆黄熟不早衰，不倒伏。于下午 4 时以后将肥液施于叶面即可。

（5）稻田养鱼施肥如何确定氮肥、磷肥、钾肥用量。通常情况下，氮肥用量根据目标产量、地力产量、氮肥农学利用率（AE）确定，即：氮肥用量＝（目标产量—地力产量）/氮肥农学利用率。以湖南省为例，氮肥用量为：双季稻 8～10 千克/亩，晚稻 9～11 千克/亩，中稻及一季晚稻 11～13 千克/亩。磷肥、钾肥则根据氮肥用量，按比例确定，即氮肥：磷肥（P_2O_5）：钾肥（K_2O）＝1：0.4：0.7。如果采用稻草还田，钾肥用量可适当减少。此外，由于实行稻田养鱼、养鸭，实现禽、鱼类粪便等有机肥直接还田，有机肥当季被利用，可减少无机肥料的施用量；因此多熟制稻田稻油鱼生态种养，以表3-1中"500千克/亩"的施肥量为标准即可。

表3-1　稻田养鱼施肥量的确定

施肥时间		肥料种类	不同目标产量的肥料用量（千克/亩）		
			500	550	600
基肥	移栽前2～3天	尿素	9～11	11～13	12～14
		过磷酸钙	35～40	40～45	45～50
		氯化钾	5～6	6～7	7～8
蘖肥	移栽后7～8天	尿素	3～5	4～6	5～7
穗肥	抽穗前15～20天	尿素	5～7	6～8	6～8
		氯化钾	5～6	6～7	6～7

（4）杂草防除

稻田养鸭、养鱼对控制水稻害虫、杂草及纹枯病有一定效果，长期坚持应用，可显著降低田间病虫草害密度。应尽量利用鸭下田控制虫害与草害，可采用围栏的方法将鱼与鸭短期隔离。田间杂草防除施用化学除草剂务必慎重，化学除草剂应在放鱼前一个星期使用，稻田养鱼期间不施用任何除草剂。抛、插秧后5～7天，禾苗立稳时，灌寸水，选用安全可靠、防效显著的除草剂。可选用如丁苄、苄黄隆、抛秧宁、快杀稗、幼禾葆、二甲四氯、抛栽田丰、秧田清、抛秧灵、稻田移栽净等安全有效的除草剂，不能使用含二氯硅磷酸的除草剂，如精克草星、乐草隆等。

亦可抛秧后4～5天灌浅水层时，亩用100克丁草胺细沙土拌匀后，均匀撒施。

（二）中稻、晚稻大田水肥管理

1. 水分管理

稻田养鱼种养耦合水分管理非常重要，既要兼顾水稻的生长，又要考虑鱼的活动。在灌水管理上，做到前期浅水，中期轻搁，后期采用干干湿湿灌溉，断水不宜过早。

双季早稻移栽后保持浅水层，分蘖期间浅水或湿润灌溉，当田间群体苗数达到预期有效穗数的 85% 时，非垄作栽培的必要时在稻田中开腰沟和围沟，排水露田或晒田 10～13 天，以控制无效分蘖。晒田结束后实行浅水勤灌，抽穗期间保持浅水层，抽穗后干湿交替间歇灌溉，收获前 7 天断水。

中稻一季稻插抛秧后宜采用浅水返青，湿润分蘖，每亩苗数达到约 20 万苗时开始露田或晒田，采取多次轻晒。晒田结束后实行浅水勤灌，抽穗期间保持浅水层。抽穗后干湿交替间歇灌溉，收获前 7 天左右断水。

双季晚稻结合稻田养殖和高产栽培，应科学灌溉。移抛栽后立苗前保持水层，抛后 4～5 天灌深水用除草剂并保水 4 天，此时放养的禽、鱼类暂时隔离；分蘖期浅水灌溉，间隙露田促根系下扎；达到计划苗数的 80% 时开始晒田，此时鱼应进入田间涵沟，待田间开丝坼时复水；孕穗抽穗期浅水灌溉，灌浆结实期干干湿湿壮籽，收割前 10～15 天断水。

2. 中稻一季稻大田科学施肥

实行测土配方施肥，按每 100 亩左右取代表性土壤和丘块的土样进行化验，根据测定的地力水平、肥料效应田间试验参数和作物目标产量需肥规律确定具体施肥方案。一般亩深施肥料总量的 70%，在整田时全层施用；在插秧后 5～7 天亩施尿素 5～6 千克；在晒田复水后亩施尿素 5～6 千克，氯化钾 8～10 千克；在抽穗前亩施尿素 2～3 千克。

3. 双季晚稻大田科学施肥

①分蘖肥：一般占总施肥量的 20%～30%，即亩施尿素 5.0～7.5 千克。分蘖肥宜早施，一般在移栽、抛栽后 5～7 天施用，施前要保持浅水层。对有效分蘖期长的单季晚稻，在第一次施肥的基础上，还要看苗再补施一次壮秆肥，亩施尿素 5 千克左右，以利攻大穗、争足穗。

②穗肥：前期生长较好的水稻或阴雨天气多时可以不施，有脱肥现象的水稻可酌情施促花肥，但不宜重施，以免增大倒 3 叶，造成田间郁闭，加重倒伏和病虫危害。保花肥在剑叶露尖时施用，对防止颖花退化效果明显。生长较差的水稻，保花肥尤为重要。穗肥的施用量一般占总施肥量的 15% 左右。注意薄水施肥，自然落干，促进以水带氮深施，提高肥料利用率。

③粒肥：水稻抽穗和扬花期间及以后施用的追肥叫粒肥。粒肥要看苗、看天酌情施用。抽穗前后叶色明显退淡，表现缺肥的田块，应根据天气和苗情酌情适施粒肥，一般亩施尿素 2～3 千克。也可在水稻灌浆初期进行根外追肥，以延长功能叶寿命，强化增粒优势，协调强势花与弱势花的争养分矛盾，确保减秕增重。

（三）肥水管理具体实例

稻田起垄栽培技术肥水管理

（1）肥料管理。以湖南湘北地区为例，在早稻季生产时节，4月中旬，将施肥总量的80％撒施于田间作为基肥，利用起垄机起垄，垄的两侧面相对水平面均为斜面，斜面与水平面的夹角优选为45°，垄的每一侧面种植2行水稻秧苗，秧行的方向与垄的延伸方向一致；该垄的截面为略呈半圆形。起垄过程中将基肥集中且深施，起垄前一天灌深水泡软泥土，按规格将秧苗移植到垄上两侧坡面上。

在水稻移栽后3天即分蘖期，按照64.4千克/公顷的施肥量施用尿素；每亩用有效含量为2.5％稻杰乳油80毫升拌毒土或肥料撒施除草。幼穗分化期按照尿素64.4千克/公顷、氯化钾95.0千克/公顷的施肥量作为幼穗分化肥。抽穗期按照32.2千克/公顷的施肥量施用尿素作为抽穗肥。水稻生长过程中的病虫害结合稻田养鸭技术综合防治。一般机收平均产量7000千克/公顷，平均增产达5％。

（2）水分管理。稻田起垄栽培改变了稻田的微地形，增强了土壤的通气性，能有效地降低田间相对湿度。这种自然蓄水进行半旱式浸润灌溉区别于传统的整田漫灌，既省工省水，又优化了水稻生长的生态环境。除遇大暴雨田垄被淹外，基本上可不排水晒田，可减少晒田次数，但田间干旱时，为保证禽鸭、鱼类等养殖动物的活动和生长，需适当灌溉保持田间沟内有一定的水位。

五、病虫防治

稻田养鱼后，由于鱼及相关的水产动物能食草、食虫、食水稻老叶，水稻病虫害减轻。但在病虫害发生的高峰期，应选用高效低毒低残留的农药防治。禁止使用对鱼类高毒的农药品种；应选用水剂或油剂，少用或不用粉剂农药。农药使用应符合GB4285、GB/T8321的规定和NY5071—2001《无公害食品渔用药物使用准则》中有关禁用渔药（农药）的规定，使用无公害水稻生产中的常用农药品种及常用剂型（稻田养鱼农药的选择见表3-2）。根据水稻病虫害发生情况，适时使用农药，同时注意用量、次数、安全间隔期等；不同种农药尽量交替使用。施药方法要得当。

表 3-2　稻田养鱼农药的选择

安全农药	避免使用的农药	禁止使用的农药
（1）防治秧田蓟马、飞虱：选用拌种剂，有效成分为噻虫嗪的高含量种衣悬浮剂 （2）二化螟、稻纵卷叶螟：氯虫苯甲酰胺（康宽、福戈），轻发区域可用苏云金芽孢杆菌（只适用于稻虾养殖区） （3）稻飞虱、稻秆潜蝇、稻蓟马：可用噻虫嗪、吡蚜酮、低含量的烯啶虫胺与吡虫啉 （4）稻曲病、纹枯病：可用30%苯甲·丙环唑，25%嘧菌酯，氟环唑，12A/24A井冈霉素、春雷霉素、枯草芽孢杆菌 （5）稻瘟病：可用三环唑、嘧菌酯 （6）除草剂选用：草甘膦、草胺膦（遇土就失效）、二氯硅啉酸。除草剂可选用的范围更小，基本没有好的封闭剂、茎叶处理剂	杀虫双、三环唑、甲胺磷、乐果、优得乐（扑虱灵）、锌硫磷、稻丰散（益尔散）、马拉松（马拉硫磷）、亚胺硫磷、杀虫单、甲基托布津、三唑酮、咪鲜胺、草甘膦、稻杰	甲基1605、三唑磷、锐劲特（氟虫腈）、毒死蜱、三佛、山瑞、阿维杀单、阿维唑磷、阿维菌素、鱼藤精、除虫菊酯、毒杀芬、波尔多液、吡虫啉、阿克泰、氧化乐果、敌敌畏、敌杀死、速灭杀丁、灭扫利、甲基对硫磷、久效磷、杀灭菊酯、氯氰菊酯、氟氯氰菊酯、五氯酚钠、孔雀石绿、杀螟丹、杀虫脒、双杀脒、异稻瘟净、敌克松、呋喃丹、苏化203、1059、地虫硫磷、六六六、林丹、毒杀芬、DDT、甘汞、硝酸亚汞、醋酸汞、敌稗、去草胺、除草醚、杀草丹、甲草胺、扑草净等 （1）拌种剂：含吡虫啉、丁硫克百威的拌种剂（对鱼虾毒性大） （2）二化螟、稻纵卷叶螟：禁用含阿维菌素、甲维盐、氟虫腈、毒死蜱、水胺硫磷、氟铃脲、杀虫双（对鱼有毒）、杀螟丹（对鱼有毒）、茚虫威 （3）稻飞虱、稻秆潜蝇、稻蓟马：含氟虫腈、毒死蜱、哌虫啶、混灭威、克百威、除虫菊素、鱼藤酮（对鱼高毒）及高含量的吡虫啉与烯啶虫胺等产品 （4）稻曲病、纹枯病：含咪鲜胺、戊唑醇（对鱼类毒性高）、吡唑醚菊酯（凯润等）、噻唑锌 （5）稻瘟病：吡唑醚菌酯、稻瘟灵（又名富士一号，对鱼类有毒，要慎作） （6）除草剂：10%噁唑酰草胺、10%氰氟草酯、25%五氟磺草胺、双草醚、噁草酮

防治秧田蓟马、飞虱：选用拌种剂，有效成分为噻虫嗪的高含量种衣悬浮剂。用法：在种子催芽露白后用噻虫嗪种衣剂有效成分 2～3 克，先与少量清水混匀，再均匀拌干种子 3 千克（杂交稻）或干种子 5 千克（常规稻），晾干 4～10 小时即可播种。基于拌种技术的基础上，强化秧田送稼药技术。采取移栽方式的田，重点抓好秧田期送嫁药（移栽前 3～7 天）的关键环节，控制稻蓟马、二化螟、稻飞虱危害，预防稻瘟病、南方水稻黑条矮缩病。

不同的农药对稻田养鱼的主要养殖鱼类具有不同的毒理、毒性，即使是同一种农药对不同鱼类的毒性也不尽相同。如甲壳类（虾、蟹等）淡水白鲳及某些鲈形目的鱼类（鳜鱼、加州鲈鱼等）对有机磷农药特别敏感，而这类农药对四大家鱼的毒害则相对较低。当稻田中养有虾、蟹等品种时就不能使用敌百虫，敌敌畏等有机磷农药。同一种农药，浓度相同而使用方法不同对鱼类的影响也不同，如喷雾法相对于泼洒法更安全。注意控制好用药量，如 25％杀虫双、叶蝉散以 150～200 克/亩为宜，安全浓度为 1.5 毫克/千克；90％晶体敌百虫以 60～100 克/亩为宜，安全浓度为 2 毫克/千克；40％乐果乳剂的亩用量为 50～75 克，安全浓度为 2 毫克/千克；50％甲胺磷乳剂的亩用量为 50～75 克，安全浓度为 1 毫克/千克；25％多菌灵以 150～200 克/亩为宜，安全浓度为 1.5 毫克/千克；50％杀螟松的亩用量为 50～75 克，安全浓度为 0.8 毫克/千克；40％稻瘟灵乳剂的亩用量为 50～75 克，安全浓度为 0.5 毫克/千克；5％井冈霉素水剂以 100～150 克/亩为宜，安全浓度为 0.7 毫克/千克。水稻大田期主要加强二化螟、纵卷叶螟、稻飞虱等虫害和纹枯病、稻瘟病等病害的防治。一般来说，防治稻螟虫、稻苞虫、稻飞虱、稻叶蝉等虫害，可于害虫幼虫期或发生盛期用药一次即可。如稻纵卷叶螟应掌握在成虫高峰期后 10～20 天，即幼虫 2～3 龄盛期，或百丛有新束叶苞 15 个以上时，进行施药防治一次。为保证食品安全一般每季用药不超过 2 次，距收鱼 20 天左右停止用药。施药宜在晴天露水已干的下午 4 点以后喷洒；下雨前不要施药。药物应尽量喷在稻禾上。杀虫双和三环唑等虽是低毒农药，但消解缓慢残留期长，尽量避免使用。因此中稻田在应用杀虫双时，最好放在二化螟发生盛期喷施，前期可应用杀螟松、敌百虫、马拉松等易在稻田生态环境中消解的农药。水稻收割后进行冬水田养鱼的稻田，切忌在水稻后期使用杀虫双。稻田养鱼期间不施用任何除草剂；草甘膦等的使用应在放养鱼前进行。农药施用前，做好鱼的回避措施；先疏通鱼沟、鱼溜，然后加深田水水位或使田水呈微流水状态，施农药时降低和稀释药液浓度。施药后，如发现鱼类中毒，必须立即加注新水，甚至边灌边排，以稀释水中药物浓度，避免鱼类中毒死亡。除采用化学农药防治外，稻田养鱼应提倡生物防治和生物农药、物理防治，以利于保护稻田生态环境，保护害虫的天敌，减少化学农药用量以及残留引起的污染。

稻田养鸭、养鱼共育控虫技术对水稻害虫、杂草及纹枯病有一定效果，长期坚持应用，可显著降低田间病虫害虫口密度。但在害虫大爆发年份，特别是突发性的稻飞虱、稻纵卷叶螟仍需化学防治。早、中、晚稻大田病虫害防治具体措施如下。

1. 早稻大田病虫害防治

（1）早稻病虫害发生特点

一代二化螟在5月上中旬危害分蘖期早稻；5月下旬至6月底受大风降雨天气影响，有不同批次迁入的稻纵卷叶螟主要危害孕穗至灌浆期早稻；6月上旬末至7月初是稻飞虱危害主要时期，主要危害抽穗至成熟期早稻；5月中旬至6月上旬早稻分蘖盛期至孕穗期，是稻叶瘟的易发期，6月中下旬抽穗期是穗颈瘟易发期；5月下旬至6月份早稻孕穗期至成熟期是水稻纹枯病主发时期。因此应注意及时做好上述二病二虫防治工作。根据病虫害的预测预报，分蘖期注意防治二化螟；孕穗期注意防治纹枯病、稻纵卷叶螟等；破口抽穗初期以防治二化螟、稻飞虱、稻瘟病为重点，灌浆以后重点防治稻纵卷叶螟和稻飞虱。

在病虫防治的关键时期，选用高效低毒的农药。如在早稻破口期普遍进行一次防治，有效控制稻瘟病、纹枯病、稻飞虱、稻纵卷叶螟等病虫害发生，确保水稻生产安全；如果大田群体密度大，通风透气稍差，田间湿度大，在早稻拔节后，气候有利病虫害流行，应注意以上病虫害的防治，立足早治。用药期间对禽、鱼采取适当的隔离措施。

（2）养鱼早稻大田病虫害的综合防治

①农业防治。选育抗病虫良种，培育无病虫壮苗，实行合理轮作，如采取"稻-油轮作"、"稻-稻-油轮作"等技术，加强栽培管理，适时移栽、配方施肥、合理控水，促进水稻早生快发，提高植株的抗病虫性。也可适当调整播期，避开病虫害高峰。

②生物防治。采用"稻鸭共栖"、"稻鱼共栖"、"稻蟹稻虾共栖"、"稻蛙共栖"等生态种养技术的稻田，病虫害明显减少。

③物理防治。a. 用频振式杀虫灯诱杀成虫；b. 设置防虫网阻隔成虫；

c. 利用性诱剂诱杀害虫。利用人工合成性息素与粘胶、毒饵等配合使用，直接诱杀成虫或扰乱交配信号，使害虫无法找到配偶，降低繁殖率。

④化学防治。科学用药，使用高效低毒药剂防治病虫害。主要病虫防治对象及推荐药剂品种如下：

稻瘟病：20％，75％三环唑可湿性粉剂、40％稻瘟灵乳油与可湿性粉剂、1000 亿 PIB/克枯草芽孢杆菌可湿性粉剂、75％肟菌·戊唑醇水分散粒剂、2％春雷霉素液剂。

纹枯病：20％井冈霉素水溶性粉剂、12.5％井冈·蜡芽菌悬浮剂、1％申嗪霉素悬浮剂、2％，4％嘧啶核苷类抗生素水剂、24％噻呋胺悬浮剂、己唑醇悬浮剂与水分散剂（含量不低于 10％）、43％戊唑醇悬浮剂、30％苯甲·丙环唑乳油、18％苯甲·丙环唑水分散粒剂、75％肟菌·戊唑醇水分散粒剂。

稻曲病：30％苯甲·丙环唑乳油、18％苯甲·丙环唑水分散粒剂、43％戊唑醇悬浮剂、25％丙环唑乳油、12.5％井冈·蜡芽菌悬浮液、75％肟菌·戊唑醇水分散粒剂。

稻飞虱：吡蚜酮悬浮剂、可湿性粉剂与水分散粒剂（含量不低于 25％）、噻嗪酮悬浮剂与可湿性粉剂（含量不低于 25％）、25％噻虫嗪水分散粒剂、20％叶蝉散乳油、30％甲胺磷、50％杀螟松。

稻纵卷叶螟：20％氯虫苯甲酰胺悬浮剂、15％茚虫威乳油、甲氨基阿维菌素苯甲酸盐水分散粒剂与微乳剂（含量不低于 2％）、50％杀螟松乳油、8000IU/毫克苏云金杆菌可湿性粉剂、10％阿维·氟酰胺悬浮剂、40％，50％丙溴磷乳油。

二化螟：20％氯虫苯甲酰胺悬浮剂、25％杀虫双水剂、BT 乳剂、10％阿维·氟酰胺悬浮剂、50％稻丰散乳油。

2. 中、晚稻大田病虫害防治

（1）中稻病虫害发生特点：稻蓟马危害返青至分蘖期中稻；二代二化螟危害分蘖期中稻，三代螟虫（二化螟、三化螟）危害抽穗期中稻；稻纵卷叶螟危害分蘖至灌浆期中稻；稻飞虱危害孕穗至灌浆期中稻；稻叶瘟在中稻分蘖期至孕穗期危害；穗颈瘟在中稻抽穗期危害；稻纹枯病在中稻分蘖末期至抽穗期危害。

（2）晚稻病虫害发生特点：三代螟虫（二化螟、三化螟）危害双季晚稻分蘖期，四代螟虫（二化螟、三化螟）危害晚稻抽穗期；稻纵卷叶螟在晚稻分蘖至抽穗期危害；稻飞虱在晚稻分蘖至成熟期危害；稻叶瘟在晚稻分蘖至孕穗期危害，穗颈瘟在晚稻抽穗期危害；稻纹枯病在分蘖盛期至成熟期危害晚稻；稻曲病在晚稻破口抽穗至灌浆成熟期危害。

（3）养鱼中、晚稻大田中病虫害防治方法参照早稻进行。注意对稻瘟病、白叶枯病感病的中、晚稻品种及常年重发病区加强防治，在水稻破口前1～2天至齐穗期，结合药剂进行重点防治。中、晚稻大田病虫害防治结合稻田养鸭、养鱼、养虾耦合技术，进行综合防治；用药期间对禽、鱼类采取适当的隔离措施。

3. 多熟制稻田稻-油-鱼生态种养病虫害防治具体实例

多熟制稻田在搞好肥水管理的基础上，采用稻田养鸭、养鱼、养蛙、养虾技术，选用物理方法或药剂综合防治方法防治水稻主要病虫害。

水稻移栽后3天左右施分蘖肥，并选用除草剂除草；除草剂按每亩用有效含量2.5%稻杰乳油40～80毫升加水20～30千克喷雾；或者每亩用有效含量2.5%稻杰乳油60～100毫升拌毒土或肥料撒施。注意施药期间稻田暂不放养鱼。在水稻抽穗期以前，采用黑光灯或频振式杀虫灯和药剂防治相结合方法防治水稻二化螟、三化螟和稻纵卷叶螟。在水稻生长中后期，同样采用综合防治方法防治水稻稻纵卷叶螟、稻叶蝉、稻飞虱。水稻起垄栽培方法稻田养鱼，药剂防治二化螟为每亩用50%稻丰散乳油90～120毫升，对水60千克喷雾；防治三化螟在卵的盛孵期或破口吐穗期，施第1次药，每亩用25%杀虫双水剂150～200毫升，50%杀螟松乳油100毫升或50%稻丰散乳油90～120毫升，对水60～75千克喷雾；药剂防治稻纵卷叶螟按照每亩用有效含量90%的杀虫单可湿性粉剂40～50克或25%杀虫双水剂200毫升对水喷雾。因水稻有补偿能力，所以对纵卷叶螟应注意前期少用药。此外，药剂防治水稻稻纵卷叶螟、稻叶蝉、稻飞虱还可按照每亩用有效含量50%的叶蝉散可湿性粉剂75～100克、有效含量50%的马拉硫磷乳剂75～100克、有效含量25%的扑虱灵粉剂40～60克或有效含量40%的乐果乳油75毫升，按说明对水喷雾。

由于稻田起垄栽培改变了稻田的微地形，使垄台土壤长期裸露在水面上，改变了低洼水田长期淹水的不良生态环境，使土壤的通透性加强，有益微生物活动旺盛，土体内水、肥、气、热得到协调。起垄栽培能有效地降低田间相对湿度，从而减少病虫害的发生。此栽培方式，给水稻生长创造了良好的生长条件，优化了水稻的生态环境。

第四章　多熟制稻田生态种养的
油菜栽培与管理

一、油菜栽培与管理优化设计

（一）选择适宜的栽培方式

油菜栽培有两种方式：大田直播和育苗移栽。

1. 育苗移栽的优势

（1）能解决季节矛盾，促进粮油增产。如甘蓝型早中熟优良品种，生育期一般 200～220 天。稻-稻-油三熟栽培下，早晚两季水稻一般需 160～180 天，三熟合计需 360～400 天，再加上整地时间，季节矛盾就成为水田三熟油菜高产的一个重要问题。如采用育苗移栽法，就能适时播种油菜，晚稻收获后随即移栽适龄壮健大苗，克服季节矛盾，保证稻油双增产。

（2）能培育壮苗，提高油菜产量。油菜育苗移栽能利用苗床，做到适时早种。在苗床期和移栽后一段时间内能充分利用有利的生长季节，达到足够的营养生长，弥补了因过晚播种生长不足的缺陷。又由于苗床面积小，便于精耕整地和精细及时间苗、施肥、治虫、排灌等管理措施，利于培育壮苗。移栽取苗时，还可以选择壮苗，得到整齐一致的好苗。移栽时又能采取均匀的行株距，保证一定的密度，均有利于增产。此外，因育苗移栽能缓和紧张的农事，有充分时间进行稻田排水、整地，保证移栽质量。

2. 油菜直播的优点

（1）省工节本。一亩稻田开沟、施肥、播种、施药等劳动用工只需 1～3 个工作日；种子、肥料、农药成本不超过 100 元。

（2）高产高效。直播油菜以多苗取胜，主要依靠主花序和一次分枝夺高产。

（3）操作简便，易于掌握。免耕直播不需育苗、不翻耕、用工少，是一项轻型农业栽培技术。

（4）有利于改良土壤结构和水稻丰产。实行水旱轮作可改变土壤团粒结构。油菜根、茎、叶能增加土壤有机质，菜枯可作肥料，为早稻丰产打下良好的基础。

两种栽培方式各有优势，可以根据当地实际境况进行选择。中稻油菜轮作栽培模式中，移栽、直播灵活采用。如果前后作季节矛盾小，品种搭配得当，可以保证适期播种的一般采取直播。如果前作收获晚，影响适期直播，就需采取育苗移栽。实行"稻-稻-油"一年三熟，油菜要求 9～10 月播种，而晚稻则要在 10 月下旬至 11 月中旬才能成熟收获，前后茬季节矛盾相对突出则要采取育苗移栽。但也可以在晚稻收获前 10 天左右进行套直播油菜，可以有效缓解季节矛盾。

（二）选择适宜的品种

各地应根据本地的气候、土壤、耕作制度来选择适合的品种，例如在湖南，湘中和湘南由于油菜成熟期气温较高，迟熟品种后期易造成高温逼熟，导致产量下降，加上油菜前作以双季稻为主，所以，湘中和湘南应选用中熟偏早的品种。湘西地区（包括怀化），由于多是山区，油菜前作主要是旱作或一季稻，油菜越冬期气温较低，成熟期气温升高比较缓慢，所以，湘西地区可以选择高产迟熟品种。湘北地区有多种耕作制度，前作为双季稻应选用早熟品种，前作为旱作或一季稻的可以选择高产迟熟品种。

（三）土地整理

1. 苗床准备

苗床地要选择平整、肥沃、疏松、向阳、水源方便并且前茬两三年未种过油菜及其他十字花科作物。比如早稻茬水田或者旱黄豆茬地都比较理想。油菜苗床选好后，要进行精细整地。翻地不必过深，土壤必须细碎，厢面必须平整。开厢做畦，一般厢面宽为 1.5～2 米，厢沟深 15 厘米，四周应开好低于厢沟的围沟。在开好厢后，每亩施腐熟的猪粪 400～500 千克或土杂肥2000～2500 千克、过磷酸钙 30 千克，均匀地将其撒在厢面上，然后盖土。

2. 大田整理

（1）育苗移栽油菜田

水稻收获前要适时排水晒田，收获后抓住晴天及时耕翻，耕翻后土壤应该细碎整平，开沟作畦。

（2）直播油菜田

对直播油菜危害最大的是冬前发生的杂草，直播油菜要进行除草。免耕直播油菜田杂草出苗较早、发生量大，10 月下旬至 11 月上旬播种油菜，油菜苗与杂草几乎是同步生长，严重影响油菜苗正常生长。应采取重前、补后的策略进行化学防治。重点抓好油菜播前、播后苗前及幼苗期的防除工作。

一是播前灭草。播种前 5～7 天用灭生性除草剂灭茬。每亩用 10％草甘膦水剂 500～750 毫升，或 41％农达 200～250 毫升加水 30～50 千克均匀喷雾。注意：田间没有杂草时不要用。

二是播后封闭（播种后的 3 天内）。每亩用 50％乙草胺 75～100 毫升均匀喷雾，进行土壤封闭处理。乙草胺使用不当会对油菜产生药害，特别是在喷药后至油菜出苗前遇大雨会影响出苗，用药时土壤过干又会影响防除效果。用药时不要随意加大用量。注意适墒用药，土壤干旱时适当加大用水量。

三是苗期化除。对苗前没有及时化除或化除效果欠佳的田块，可在油菜越冬前和春季油菜抽薹前，根据田间草相选用相应的化学除草剂进行茎叶处理。

（四）适时早播

决定油菜的播种期主要因素是苗龄。油菜的苗龄，从出苗算起，最好是 30～35 天，最多不能超过 40 天。苗龄太长，容易造成老化苗，引起早花早薹，影响产量。移栽油菜苗床一般在 9 月中下旬播种，10 月中下旬移栽。直播油菜一般 9 月下旬为适宜播种期。种子掺细土或细沙拌匀，均匀撒在田中，再将肥料撒入田内，如果用三元复合肥做基肥的，也可将种子与肥料混合均匀，一起撒下。油菜的壮苗秧龄为 40 天左右，达到 6 片真叶以上时移栽。

（五）优化播种量和大田栽种密度

油菜种子细小，每千克种子有 20 万～40 万粒，出苗数常为留苗数的几倍或十几倍以上，争光、争肥、争水影响后期发育甚至越冬时受冻害死亡。育苗播种量应控制在每亩苗床播 0.5～0.7 千克，定苗后大概每亩苗床留苗 8 万～10 万株。移栽密度大概每亩 1 万～1.2 万株。直播油菜一般每亩播 0.4～0.5 千克，密度一般每亩 2.5 万～3.0 万株。土壤肥力差的可适当增加密度，反之土壤肥力好的田地则相应地降低栽种密度。

（六）优化田间管理

1. 适时间苗，合理密植

（1）及时间苗。俗话说"油菜匀早，越长越好"，"油菜匀晚，老来光秆"。播种出苗后，幼苗往往拥挤在一起，影响苗期生长。一般在幼苗长出3片真叶时间苗，4～5片真叶时定苗。控制密度，保证苗匀、苗壮。

（2）及时补苗、定苗。及时进行补种或补栽，保证油菜的合理密植。

2. 及时中耕锄草培土

俗话说："壮苗先壮根，壮根靠中耕"，通过中耕锄草培土，保持土壤疏松通气，提高地温，加快养分分解，促进根系生长。低温土湿时，中耕有助于表土水分蒸发，提高土温，抑制病菌，促使土壤通气。中耕结合培土，有防止倒伏、抑制徒长、切断菌核病子囊柄的作用。移栽活棵后应及时进行中耕松土。中耕时应遵循"行间深、根旁浅"的原则进行，并注意培土和壅蔸，增强抗寒防倒能力，促进根颈不定根的发生。对于免耕移栽油菜，苗期必须勤中耕，一般2～3次，以消灭杂草，疏松土壤，培土壅根，促进根部生长。对于直播的油菜，要及时进行间、定苗，一般在3叶期间苗，5叶期定苗，而对于迟播（10月下旬以后）的直播油菜，提倡年前只间苗、不定苗，以便因冻害死苗后进行补苗。由于早春时节雨水增多，气温升高，杂草迅速生长，土壤易板结。因此在油菜封行前，应及时中耕除草，疏松表土，提高地温，改善土壤理化性状，促进根系发育，减轻菌核病发生。

3. 科学施肥

科学施肥要做到早施苗肥、重施腊肥、追施薹肥、补施花肥。早施、勤施苗肥：在移栽成活后及时追第一次苗肥，每亩施人畜粪500～1000千克加尿素2～3千克。对底肥不足、长势差、速效肥少的田块，第一次施肥后半个月左右应酌情再追1次。重施腊肥：这是油菜需要养分最多的时期，要尽可能把施用于油菜的农家肥施入田内，以保证抽薹开花期的营养供应；腊肥具有保暖、防冻、促春发的作用。追施薹肥：春季是油菜根、薹、枝、叶、花同时生长发育，而且为开花结荚进行物质准备的时期，油菜一生中积累的干物质95%～97%都是这个阶段形成的，是需肥最多的时期。补施花肥：油菜是无限花序，花期长，具有边现蕾、边开花、边结果的特点。缺肥地块补施花肥可促使多开花，多结果，提高千粒重。

4. 加强抗旱防冻

冬季雨量稀少，进入干旱季节，加上霜害，应根据苗情和土壤水分情况，进行灌水，满足油菜对水分的需要。其他措施促进培育壮苗，提高植株体内含糖量，使叶增厚，根茎增粗，以增强油菜本身抗寒能力。此外，冻前撒灰，人造烟雾，摘除早芽早花，也有一定的防冻效果。

5. 防早薹早花

油菜在年前抽薹开花，会遭受冻害，一般减产 10％～20％。要防止这种现象，除适期播种外主要加强冬前管理。幼苗移栽后，可在叶面喷施 0.115％的硼酸＋1％～2％的尿素＋0.15％～1％的磷酸二氢钾混合液 2～3 次，以促进营养生长，控制生殖生长；对于一些抽薹过早的品种、高脚苗以及直播油菜，发现早薹要在晴天及时摘薹，并随时施速效肥，促发分枝，增加角果数，以减轻摘早蕾早花带来的不利影响。

6. 防治病虫

油菜病虫害主要有蚜虫、白锈病、萎缩病等，要及时加强防治。

（七）适时收获

农谚有"八成熟，十成收"的说法。收获过早，籽粒过嫩，千粒重和含油率均不高；收获太迟，角果开裂，损失严重。在主花序角果转为枇杷黄色，中上部分枝角果呈黄绿色，下部分枝角果也已开始转色时收获粒重和含油量都较高，这一时期出现在终花后 25～30 天。采用机械收获的田块其收获时间应推迟 3～5 天。选择晴天用机械或人工脱粒，及时晒干装袋尤为重要，否则水分含量高易发霉变质。晾晒时应防止混入石头等杂质。

二、品种与搭配

（一）品种介绍

油菜品种有很多，这里简单介绍几个品种，让大家对油菜品种有一定的了解。

1. 沣油 737

沣油 737 是湖南省作物研究所选育的油菜新品种。2009 年通过国家审定，审定编号为国审油 2008029。主要表现为成熟期早，高产稳产，分枝多、荚粒多，抗寒、抗病性较好，田间长相好。该品种为甘蓝型半冬性细胞质雄性不育三系杂交种。幼苗半直立，子叶肾形，叶色浓绿，叶柄短。花瓣深黄色。种子黑褐色，圆形。全生育期 232 天，株高约 153 厘米，中生分枝类型，单株有效角果数 483.6 个，每角粒数 22.2 粒，千粒重 3.59 克。菌核病发病率 16.69%，病指 8.55；病毒病发病率 5.93%，病指 3.79。抗病鉴定综合评价中感菌核病。抗倒性较强。

2. 秦优 11 号

秦优 11 号是甘蓝型半冬性，中熟型，株高 175 厘米左右，茎秆粗壮，苗期叶半直立，出苗较快。叶片宽大而多，呈肾形，叶色深绿，顶叶大，长势强，主轴长，抽薹及始花期早，开花集中，结角数多而紧密，籽粒灌浆充实较快，成熟期适中。有效分枝着生点低，有效分枝多，一次分枝数 12.6 个，全株有效角果数 428.5 个，每角粒数 18.6 粒，千粒重 4.37 克，种皮黑色，圆形。株型较紧凑，适于机械化收割和脱粒。秦优 11 号为双低优质油菜品种。双低品质含量符合国家标准，品质优。抗倒性、耐寒性、抗菌核病均较好。产量高。

3. 宁油 18 号

宁油 18 号属甘蓝型油菜，越冬半直立，全生育期 240 天左右，5 月 24 日左右成熟。该品种植株高度中等，为 161.8 厘米，株型较紧凑。分枝部位高。宁油 18 号抗倒性强，成熟期植株挺直，熟相清秀；较抗菌核病和病毒病，抗寒性强，抗裂角。适合于机械化收脱，是双低油菜轻型、简化栽培的首选品种。宁油 18 号品质优良，芥酸含量 0.38%，硫苷含量 15.34 微摩尔/克，油分含量 45.89%，菜籽可用于加工低芥酸高级烹调油和色拉油等油制品，饼粕可用于加工配合饲料。

（二）油菜和水稻品种选择与搭配

1. 油菜、水稻复种品种选择与搭配品种选择

直播油菜应该选择早熟耐迟播、株型紧凑、抗性强的双低油菜。我国已培育出一批双低、高含油量、高产、优质油菜品种。目前推广的双低品种有中双 9 号、华双 6 号、中双 7 号、中双 10 号和中油杂 2 号、华杂 6 号、华杂 8 号、华杂 9 号、中油杂 2 号、中油杂 11 号、中油杂 12 号、湘油 15 号、宁油杂 9 号、华皖油 3 号、秦优 8 号、陕优 9 号等品种，适合直播的油菜品种有湘油 15 号等，要跟据当地的气候条件及土壤条件等因素来综合选择。移栽油菜应该选择丰产性好、抗逆性强的品种。

选择适合本地区种植、高产高抗的优良品种。油菜于 9 月下旬至 10 月

初播种，10 月底至 11 月初移栽，4 月下旬收获完毕。水稻一般五月中旬左右播种，6 月中下旬移栽，10 月上旬收割。

2. 油菜、双季稻复种的品种选择与搭配

育苗栽培模式中油菜要选用高产、优质、早熟、抗病、抗倒伏的品种。适合南方各地主要推广的油菜品种有：皖油 14 号、湘杂油 2 号、中油杂 1 号、川油 18 号、中油杂 2 号、杂选 1 号、华（油）杂 4 号、湘油 15 号、宁杂 1 号等。

早稻选用优质高产良种，晚稻选用中秆、大穗、耐肥、抗病的早中熟品种。套直播栽培模式油菜要选用抗病性好、抗倒伏性强、耐密植、耐迟播的双低油菜品种。早稻选用早熟品种，7 月 10 日左右收获，晚稻选用早中熟粳稻品种。

三、育苗与移栽

（一）培育油菜壮苗的关键技术

油菜幼苗期栽培管理的主攻方向是：前促后控，育足壮苗。主要技术如下：

1. 留足苗床，施足基肥

充足的苗床是育足壮苗的先决条件。苗床面积不足会造成缺苗或者留苗过密，形成弱苗或高脚苗。一般苗床与大田的比例应该掌握在 1：6 左右。即 1 亩苗床可以满足 6 亩大田栽培。一般播种前施足基肥，每公顷苗床施复合肥 300～400 千克。在二叶期前使用磷肥，利用率和增产效果最佳。

2. 早间苗定苗

移栽前苗床要求早间苗，间苗时要求做到"五去五留"，即去弱苗留壮苗，去小苗留大苗，去杂苗留纯苗，去病苗留健苗，去密苗留匀苗。间苗一般在第 2 片真叶出现时进行。留苗密度根据播种早迟、移栽时间、苗龄长短和苗子生长状况而定，一般早移栽可以适当增加苗床密度。苗床留苗越少，壮苗就越多；留苗越多，壮苗越少，弱苗就越多。直播油菜播种量大，密度较高，往往由于间苗和管理不及时，而形成细、弱苗。因此，在齐苗后，即要进行第一次间苗；在长出第二片真叶时，进行间苗，删密留稀，拔除弱苗、病苗和杂株，选留无病壮苗、大苗；当油菜苗长出 3～4 片真叶时，应及时定好苗，一般可根据地力、光照等条件的不同来掌握定苗密度，每亩定苗 1.2 万～1.5 万株。同时要及时做好查苗补苗工作。

3. 防止曲颈苗和高脚苗的发生

在油菜播种育苗期由于栽培不当或者气候等原因很容易形成曲颈苗和高脚苗。曲颈苗很细弱，高脚苗茎部是空心，其根系的吸收力只有壮苗的一半，而且移栽后抗逆性差，叶片易脱落，活棵返青慢，很难管理。因此为了防止曲颈苗和高脚苗的产生，首先要提高播种质量，做到浅、稀、均匀播种。其次要加强苗期管理，适时间苗，适时移栽。在定苗后，幼苗达到三叶至三叶一心时每亩用 15％多效唑可湿性粉剂 50 克，对水 50～60 千克均匀喷雾，以防高脚苗。如果天气干旱，应适当增加对水的比例。

（二）移栽

油菜一般 10 月中下旬移栽。直播油菜一般 9 月下旬为适宜播种期。油菜壮苗的苗龄 40 天左右，达到 6 片真叶以上的大壮苗时移栽。移栽前大田要施足基肥，整好畦田，开好"三沟"，移栽时要边起苗、边移栽，不栽细弱苗、称钩苗、杂种苗，移栽时菜苗靠近穴壁，做到苗正根直；用氮、磷、钾、硼化肥和有机肥配合作压根肥，并及时浇定根水。或整块田栽完后畦沟灌水，但水不上厢面，有利于油菜早活棵，早发苗。如果遇到连续阴雨天气，要突击板田开沟，及时排除地表水，当板田墒情达到移栽要求时立即抢栽油菜。一旦出现苗等田形成高脚苗现象，移栽时应将高脚部分深埋土中，有利于防冻害、防倒伏。如果油菜移栽时遇旱，可引水进行沟灌，畦面润透后立即将水排干，或结合追肥进行浇水，保持土壤湿润，促进发根长叶，为壮苗越冬打下基础。

四、水肥管理

（一）肥料运筹

在肥料运筹上掌握前重、中适、后足。每亩苗床施复合肥 30 千克、硼砂 0.5 千克、土杂肥或粪肥 1000 千克，苗床要深翻、整平、耙细。苗龄 3 叶期后要及时补肥，一般每亩追施尿素 3～5 千克。培育壮苗移栽前 7 天每亩追施 2～3 千克尿素作送嫁肥。基肥施用量占大田用肥量的 50％左右，每亩施 45％的复合肥 40～50 千克、土杂粪肥 1500 千克、优质硼肥 0.5～1 千克；栽后 7～10 天及时施提苗肥，每亩施碳铵 8 千克，促苗早发；中期对肥力不足或长势较差的田块用人畜粪加少量氮肥溶液浇施，配合中耕松土，以利于壮苗越冬；在油菜始薹期每亩施用尿素 15 千克，促薹稳长、快长，防止后期脱肥早衰。

1. 重施基肥

基肥是免耕直播油菜获得高产的基础，每亩施农家肥 1000 千克，复合肥 30～40 千克，硼肥 0.5～1 千克与有机肥混合作基肥施用，均匀撒施在大田里。

2. 追施苗肥

掌握"早施、轻施提苗肥，腊肥搭配磷、钾，薹肥重而稳"的原则，追施苗肥。而且要早施，才能促进早发壮苗。施肥方法应根据幼苗需肥量逐渐增多的特点，先淡后浓，由少到多，以速效氮肥为主的追施原则。一般移栽苗床在齐苗后追施 1～2 次薄肥水；直播油菜还应在定苗后追施一次壮苗肥，每亩用人粪尿 500 千克或尿素 5 千克，对水 1000 千克进行浇施。在施用氮肥的同时，要配施磷肥，一般亩施过磷酸钙 20 千克左右。直播油菜对硼肥需要量较大，可在定苗后亩用硼酸 200 克或硼砂 300 克（硼砂可先用少量开水溶解）对水 100 千克，于阴天或晴天傍晚喷施。

3. 重施腊肥

这是油菜需要养分最多的时期，要尽可能把施用于油菜的农家肥施入田内，以保证抽薹开花期的营养供应。腊肥一般在 12 月中旬至 1 月中旬，以暖性半腐熟猪牛栏草粪和草木灰为主，覆盖苗面，壅施苗基。也可在寒流到来之前，用稻草均匀覆盖在菜苗的四周，对除草、保温、保墒和抗寒防冻、改善土壤结构都有好处。开春后施 1 次薹肥，适当早一些、重一些，一般施尿素 10～25 千克每亩，做到见蕾就施，促春发稳长。施有机肥还能提高土温 2℃～3℃，对防寒抗冻也有很好作用。一般每亩施用厩肥 1000～2000 千克。

4. 追施薹肥

春季是油菜根、薹、枝、叶、花同时生长发育，而且为开花结荚进行物质准备的时期，油菜一生中积累的干物质 95％～97％都是这个阶段生长起来的，是需肥最多的时期。薹肥的施用时期原则上要早，一般刚开始抽薹就要施，施用过迟，引起徒长，贪青，延迟成熟，降低产量。要采取看苗施肥的办法，一看封行情况，届时未封行的，说明肥料不足；二看苗色，薹色绿，生长旺盛；薹色红，长势减弱，表示肥料不足；三看长相，抽薹期生长旺盛，四面叶片较大，薹顶低于叶尖，说明生长正常，相反抽薹高出四面叶片，成一根峰，蕾盘较小，上细下粗，就是缺肥。另外根据气候、品种特点，分析后酌情施肥。以速效化肥为主，每亩施尿素 5～7.5 千克，配合施复合肥 1～1.5 千克。

5. 巧施初花肥。

这段时期，可采取根外追肥，可喷施 1%～2% 浓度的普钙澄清液或0.2% 的磷酸二氢钾 2～3 次。每亩施硼肥 0.2 千克，可促使花序顶端多开花、多结果，并能增加千粒重和含油量。

（二）灌水管理

开花期是油菜一生中的需水"临界期"，这时如果缺水，花序短，落花严重，影响产量。一般油菜花期和角果发育成熟期各需灌一次水。

俗话说"若要油，二月沟水流"。这充分说明油菜在春季抽薹开花时，喜欢湿润的环境条件。油菜进入蕾薹期，生长茂盛，生理活动加强，多数时间处于干旱季节，农户要结合天气灌好水，保证油菜需水。5 叶期定苗 5 天后灌水一次；油菜花期生长最为旺盛，气温继续升高，耗水强度最大，油菜花期灌水一次；结角期由于气温较高，大气湿度低，蒸发作用强，因而耗水量仍较大，需要灌水一次。每次要充分湿润油菜根系活动层，要防止在油菜田长期泡水和积水。灌水漫埫时要即灌即排，避免发生倒伏。

五、病虫防治

油菜病害主要有病毒病、白锈病、霜霉病、根腐病、毒素病、菌核病等。虫害主要有蚜虫和菜青虫以及蛴螬、蝼蛄等地下害虫。还有油菜肥害、萎缩不实症等各种影响油菜生长发育，导致油菜减产的病症。下面主要介绍上面提到的部分病虫害的症状以及防治方法。

1. 病毒病

全国各油菜产区均有发生，华北、西南、华中冬油菜区发病尤重。该病症状因油菜类型不同略有差异。白菜型油菜、芥菜型油菜主要是沿叶脉两侧褪绿，叶片呈黄绿相间的花叶，明脉或叶脉呈半透明状，严重时叶片皱缩卷曲或畸形，病株明显矮缩，多在抽薹前或抽薹时枯死。染病轻和发病晚的虽能抽薹，但花薹弯曲或矮缩、花荚密、角果瘦瘪、成熟提早。甘蓝型油菜则现系统型枯斑，老叶片发病早、症状明显，后波及到新生叶上。初发病时产生针尖大小透明斑，后扩展成近圆形 2～4 毫米黄斑，中心呈黑褐色枯死斑，坏死斑四周油渍状。茎薹上现紫黑色梭形至长条型病斑，且从中下部向分枝和果梗上扩展，后期茎上病斑多纵裂或横裂，花、荚果易萎蔫或枯死。角果产生黑色枯死斑点，多畸形。

防治方法：①因地制宜选用抗病毒病的油菜品种。②调节播种期。雨少天旱应适当迟播，多雨年份可适当早播。③油菜田尽可能远离十字花科菜地。④用 25％种衣剂 2 号 1：50 或卫福 1：100 倍拌裹油菜籽，30 天内可控制蚜虫、地下害虫危害，对防治病毒病有效。⑤田间防蚜。⑥发病初期喷洒 0.5％抗毒丰菇类蛋白多糖水剂 300 倍液或 10％病毒王可湿性粉剂 500 倍液或 1.5％植病灵乳剂 1000 倍液、83 增抗剂 100 倍液，隔 10 天 1 次，连续防治 2～3 次。

2. 根腐病

幼苗期若长时间处于低温阴雨天气，易大面积发生油菜根腐病。该病害主要危害幼苗根部和根茎部，引起未出土或刚出土幼苗茎基部初呈水渍状，后变褐，致油菜幼苗根茎腐烂。

防治措施：①加强田间管理。科学施肥，提倡施用日本酵素菌沤制的堆肥或充分腐熟有机肥，增施磷钾肥，提高植株抗病力；合理灌溉，防止大水漫灌，雨后及时开沟排水，降低田间湿度。②油菜苗刚进入发病初期，应抢晴天及时采用药剂防治，抑制病情发展。每亩用 75％百菌清可湿性粉剂 600～700 倍液，或 50％多菌灵可湿性粉剂 800～1000 倍液，或 25％戊唑醇可湿性粉剂 2500 倍液，每亩喷洒 1 次，连续 2～3 次，有较好的预防和治疗作用。

3. 白锈病

油菜白锈病是由一种真菌性白锈菌侵染而引起的，俗称龙头病。白锈病的发病高峰期主要是：五叶后摆盘期形成叶锈；抽薹、初花期形成龙头。

防治措施：对油菜白锈病，要以农业保健栽培防治为基础，并在两个发病高峰时期喷药。具体措施如下：①实行十字花科与其他作物轮作，最好连片轮作，以减少菌源。②选用无病良种，并在播前进行种子处理。用 50％多菌灵 0.1％浓度液浸种 2～4 小时，再用清水洗净，晾、晒干后播种。③播种前做好开沟排水，精耕细作，施足底肥；重施腊肥，后期适当看苗追肥；增施磷、钾肥，适量施用硼、钼、锰肥，增强抗逆力。④摘除病、老脚叶带到田外处理，以减少菌源，减轻病害。⑤搞好摆盘和抽薹期的药剂防治，可用 58％瑞锰锌、58％瑞毒霉、80％代森锌、75％百菌清、50％多菌灵可湿性粉剂 500～800 倍液任选一种喷雾，隔 5～10 天一次，各期连喷 2～3 次。

4. 蛴螬、蝼蛄等地下害虫防治

防治方法：①种子处理预防，用种子重量 0.4％的 50％福美双可湿性粉剂或 0.2％～0.3％的 50％异菌脲可湿性粉剂拌种，也可用 50％多菌灵可湿性粉剂或 75％百菌清可湿性粉剂。按种子量 0.3％的用量拌种。②出苗后用"杀虫双"药液拌炒小麦、玉米粉撒施苗床或地边，对蝼蛄等防治效果较好。

5. 蚜虫防治

叶片受害出现褪色斑点，严重的发黄卷缩、变形或枯死。嫩茎、花梗受害呈畸形，角果发育不正常或枯死。此外还能传播油菜病毒病。

防治方法：①及时清理前茬病残体，铲除田间、畦埂、地边杂草。②采用黄板诱杀或银灰色反光塑料薄膜忌避。③用 25％种衣剂 2 号 1 份与 50 份油菜种子拌裹或卫福 1 份与 100 份油菜种子拌裹控制蚜虫有效期 30 天，且可减轻苗期病毒病，增产 7％左右。④在蚜虫点片发生阶段开始喷洒国产 50％抗蚜威可湿性粉剂 2000 倍液或 50％辟蚜雾可湿性粉剂 2000～3000 倍液，该药选择性强，仅对蚜虫有效，对天敌昆虫及桑蚕、蜜蜂等益虫无害，有助于田间的生态平衡。还可选用 1.8％爱福丁乳油 3000 倍液或 16％顺丰 3 号乳油 1500 倍液、5.7％百树菊酯乳油 4000 倍液、10％吡虫啉可湿性粉剂 2500 倍液、5％锐劲特悬浮剂 1500 倍液、4.5％高效顺反氯氰菊酯乳油 2000 倍液等。蚜虫多着生在心叶及叶背皱缩处，要求喷药周到细致，还要求尽量选择兼有触杀、内吸、熏蒸三重作用的农药。每亩喷配好的药液 50～60 升，隔 7～10 天 1 次，连续防治 2～3 次。

6. 萎缩不实症

油菜萎缩不实症是由于缺硼而引起的一种生理病害。缺硼会影响分生组织的分化，营养器官和生殖器官的形成，生殖细胞的分裂，胚芽和胚乳的发育、叶绿素形成和可溶性糖的转运等一系列生长发育，导致发生生理病害。甘蓝型油菜对硼元素比较敏感，油菜植株缺硼会影响到生殖器官的发育、受精结实及光合产物在植株体内的运转和积累。油菜施硼的主要作用表现在增加单株结角数、每角实粒数、千粒重，提高单株产量而增产。根据试验，硼肥施用以做底肥和油菜 5 叶期、蕾薹期根外追肥各一次，增产效果最佳。具体方法是：①播种时每亩用 95％的硼砂或硼酸 500 克拌土杂肥做底肥或盖田肥。②在油菜 5 叶期和蕾薹期用 0.2％的硼砂溶液（用温开水化开）各喷施于叶面一次。

7. 油菜肥害

肥害在育苗、大田栽植中时有发生，南方发生尤多。其危害程度不亚于病虫危害。常见的有外伤型和内伤型两种。外伤型肥害是指由肥料外部侵害所致，造成油菜的根、茎、叶的外表伤害。如氨气过量可致油菜出现水渍状斑、输导组织坏死、茎叶出现褐黑色伤斑，严重的植株不长或枯死。内伤型肥害是指施肥不当，造成植株体内离子平衡受到破坏引起的生理伤害。如氨气过量吸收，造成叶肉组织崩溃，叶绿素解体，光合作用不能正常进行，最后植株死亡，影响产量和质量。

防治方法：①本着实际、实用、实效的原则改革施肥方法。提倡施用酵素菌沤制的堆肥和腐熟有机肥，采用分层施或全层深施法。将下茬油菜生产所需肥料按总量 $60\%\sim80\%$ 在整地时分层施入土壤中，也可按当年计划茬口及施肥总量，在深翻时一次性施入，采用配方施肥技术，掌握好氮、磷、钾三要素及微量元素的配方，施后要根据土壤干湿程度确定是否浇水，一般要保持土壤湿润，使肥料充分腐熟。切忌干施后立即播种或定植。②必要时施用惠满丰、促丰宝、保丰收等多元素叶面肥。施用惠满丰时每亩用量 $250\sim500$ 毫升，稀释 $400\sim600$ 倍液或施用促丰宝活性液肥 I 号 $400\sim500$ 倍液。

第五章　多熟制稻田生态种养鱼类的饲养与管理

一、鱼的饲养与管理优化设计

（一）鱼的放养

1. 投放时间

提倡鱼苗早放，3 厘米以下的鱼种，在插秧前就可以放养，因鱼苗个体较小，不会掀动秧苗，而在施足肥的稻苗中，经过犁耙后，浮游生物和底栖动物大量繁殖，对于鱼苗的生长特别有利，在插秧前只是比插秧后多饲养 15 天，可是出苗时，个体要比插秧后放入的增加 100 克以上。对于 6～10 厘米的鱼苗，最好待秧苗返青后再放。

2. 放养方法

在冬春农闲季节，开挖好鱼凼、鱼坑，如果上半年稻田内饲养鱼种，则需要对鱼凼、鱼坑等进行整修，铲除坑边杂草等；在放养前，排干坑、凼内的水，日晒一星期左右，进行消毒，按每亩用生石灰 50 千克撒施，再过一个星期后灌足水。每亩施肥 300 千克以适当培肥水质，4～5 天后即可投放鱼种。放养的鱼种要求体质健壮、无病无伤，同一批鱼种的规格要整齐，鱼种放养前还需进行鱼体药浴消毒。

3. 放养数量

应根据鱼种的大小来确定鱼种放养数量。稻田养殖成鱼，提倡放养大规格鱼种。一般每亩稻田可放养 8～15 厘米的大规格鱼种 300 尾左右，高产养鱼稻田可每亩放养 8～15 厘米的大规格鱼种 500～800 尾，具体因地而异。混合养殖鱼种，草鱼的数量占 50%，鲤鱼和鲫鱼总和占 50%。

4. 放养注意事项

鱼种放养时需要注意调节水温，运输鱼缸的水温要和田间的水温温差小于 2℃左右；在适当的时候需要注入新水提高鱼苗的存活率；养鱼稻田水位水质的管理，既要满足鱼类的生长需要，又要满足水稻生长要求干干湿湿的环境。因而在水质管理上要做好以下几点：一是根据季节变化调整水位。4、5 月放养之初，为提高水温，沟内水深保持在 0.6～0.8 米即可。随着气温升高，鱼类长大，7 月份水深可到 1 米，8、9 月，可将水位提升到最大。二是根据天气水质变化调整水位。通常 4～6 月份，每 15～20 天换一次水，每次换水 1/5～1/4。7～9 月份高温季节，每周换水 1～2 次，每次换水 1/3，以后随气温下降，逐渐减少换水次数和换水量。三是根据水稻晒田治虫要求调控水位。当水稻需晒田时，将水位降至田面露出水面即可，晒田时间要短，晒田结束随即将水位加至原来水位。若水稻要喷药治虫，应尽量叶面喷洒，并根据情况更换新鲜水，保持良好的生态环境。

5. 鱼的饲养管理

（1）投饵：稻田中杂草、昆虫、浮游生物、底栖生物等天然饵料可供鱼类摄食。每亩可形成 10～20 千克天然鱼产量，要达到亩产 50 千克以上产量，必须采取投饵措施，常用的种类有嫩草、水草、浮萍、菜叶、蚕蛹、糠麸、酒糟。有条件的可投喂配合颗粒饲料，投饵要定点、定时、定量，并据摄食情况调整投饵量。一般在饲养的初期，由于田中天然饵料较多鱼体也小，可不投喂；中期少喂，以后逐渐增加；后期随气温下降，鱼的摄食量逐渐减少，当水温下降到 10℃以下时，即停止投喂。5～6 月，每亩每天投精饲料 1.5～2.5 千克，青饲料 8～12 千克，7～9 月底，每亩每天投喂精饲料 3～5 千克，青饲料 18～25 千克，10 月以后逐步减少，青饲料要鲜嫩，并于当天吃完为宜。

（2）调节水位水质：要根据水稻和鱼的需要管好稻田里的水。调节水位水质，在水稻生育期间按水稻栽培技术要求进行。在放水晒田期间，鱼在凼内生长，不受影响。水稻拔节后，可逐步加深田水，尽量提高水位，稻田水质偏于酸性时对鱼类生长不利，特别是水稻收割后稻根稻桩腐烂严重影响水质，因此要尽量少留稻桩，定时向田凼施用生石灰进行消毒。

（3）疾病预防

①稻田消毒：放鱼前，应选用药物消毒，常用的有生石灰、漂白粉。每亩使用 25～40 千克生石灰，不仅能杀死对养殖鱼类有害的病菌和肉食性鱼类及蚂蟥、青泥苔等有害的生物，还能中和酸性，改良土质，对稻鱼都

有好处。石灰处理后7天左右可放入鱼苗。每亩用含有效氯30%的漂白粉3千克，加水溶解后泼洒全田，随即耙田，隔1～2天注入清水，3～5天可放入鱼苗。

②鱼种消毒：鱼苗在放养前，要进行药物消毒。常用药物有3%的食盐水，8.0毫克硫酸铜对水1千克，10毫克漂白粉对水1千克，20毫克高锰酸钾对水1千克。漂白粉与硫酸铜溶液混合使用，对大多数鱼体寄生虫和病菌有较好的杀灭效果。洗浴时间：据温度、鱼的数量而定，一般为10～15分钟。洗浴时一定要注意观察鱼的活动情况。

③饵料消毒：饵料在投喂前应进行必要的消毒处理。动物性饵料，如螺、蚬等，用清水洗净，选取鲜活的投喂。植物性饵料，如水草、萍类，则用6.0毫克漂白粉对水1千克浸泡20～30分钟后投喂。施用发酵的粪肥时，每500千克粪肥中加120克漂白粉，搅拌均匀后投入池里。

④食物台和沟、坑的消毒：在鱼病流行时，要对食物台和鱼沟、鱼坑进行药物消毒。方法如下：

a. 漂白粉挂袋：鱼坑上插几根竹竿，每个鱼坑挂2～3只药袋，袋内装漂白粉50克，每3天换药一次，连续3次。

b. 往鱼沟、鱼坑内泼洒药物，一般用漂白粉、敌百虫或生石灰。如沟坑面积占稻田面积12%～15%，每亩用漂白粉250克或用90%晶体敌百虫3～5克（2.5%粉剂敌百虫30～50克），敌百虫对指环虫、三代虫、水蜈蚣有良好的防治效果。每亩用生石灰1～2千克，化水后泼洒能预防鱼烂鳃等病。

⑤防除天敌害虫：如水生昆虫、蛙类、水蛇、食鱼鸟、鼠类等。水生害虫有水蜈蚣、田螺等。水蜈蚣性极凶猛，贪食，一只小蜈蚣一夜之间可夹死鱼苗16条之多，对鱼的危害最大。在放鱼前，用生石灰遍撒全田，可杀死水蜈蚣。也可用敌百虫粉剂撒在水面，形成1.0～3.0毫克每千克的浓度，能有效杀死水蜈蚣。

⑥防缺氧浮头：在水浅、放养密度大、饲料投放过多情况下或天气闷热、水中腐殖质分解加速而大量消耗氧气时，水中溶氧量显著下降，特别是下半夜，可降到最低0.2～0.9毫克/升，这时鱼类将因缺氧而全部浮头，如不及时抢救，有全部死亡之危险。因此应随着鱼类逐渐长大对水中溶氧消耗的增加，根据水质和鱼类活动情况及时加注清水，以提高稻田水位，改善水质。在天气闷热或天气骤变、气温过低时，要暂停投饵。发现浮头要立即排出田水，引进含氧量高的清水。

（4）有害藻类过度繁殖：在七八月高温季节，部分红萍死亡，这时稻田内的藻类会大量繁殖。其中有一种微囊藻，其细胞外面有一层胶质膜，鱼类不能消化，藻体死亡之后，藻蛋白质分解产生有毒物质（硫化氢、羟胺）对鱼的生长不利。据分析，1千克水中含有50万个左右微囊藻时，就可使鳙鱼苗死亡，如达100万个以上，则大部分鱼类死亡。pH值为8～9.5，水温28℃～30℃时，微囊藻繁殖最快，可用0.7克/米³硫酸铜均匀撒在田中予以杀灭。

（二）稻田的选择及规划设计

1. 养鱼稻田的条件

凡是水源充足、水质良好、保水能力较强、排灌方便、天旱不干、山洪不冲的田块都可以养鱼。特别是山区，必须选择那些既有水源保证，阳光充足，又不被洪水冲的稻田，才能做到有养有收。沙底田不宜采用"田凼"方式，潜育化稻田、冷浸田，可进行"垄稻沟鱼"养殖方式。

2. 加高加宽田埂

由于鱼有跳跃的习性，另外一些食鱼鸟也会将田埂中的鱼啄走，同时，稻田中常有黄鳝、田鼠、水蛇打洞引起漏水跑鱼。因此，在农田整修时，必须将田埂加宽增高，必要时采用条石或三合土护坡。

3. 开挖鱼凼、鱼沟

为满足稻田浅灌、晒田、施药治虫、施化肥等生产需要，或遇干旱缺水时，使鱼有比较安全的躲避场所，必须开挖鱼凼和鱼沟。这是稻田养鱼的一项重要措施，鱼凼最好用石材，也可用三合土护坡。鱼凼面积占稻田面积的8%左右，每田一个，由田面向下挖深1.5～2.5米，由田面向上筑埂30厘米，鱼凼面积50～100平方米。田块小者，可几块田共建一凼，平均一亩稻田拥有鱼凼面积50平方米。鱼凼位置以田中为宜，不要过于靠近田埂，每凼四周有缺口与鱼沟相通，并设闸门可以随时切断通道。视田块大小，可以开挖成"一"字、"十"字或"井"字形鱼沟，沟宽1～1.5米，深0.8～1米。同时开挖一个10～20平方米的鱼凼。鱼沟、鱼凼的面积占稻田面积的15%～20%。

4. 进、出水口

开好进、排水口各开一个，另根据田块大小设溢洪缺口1～3个。进、排水口一般开在稻田的相对两角，进、排水口大小根据稻田排水量而定。进水口要比田面高10厘米左右，排水口要与田面平行或略低一点。丘陵山区的梯田，上一块田的排水口常常是下一块田的进水口，实行串联，平原地区的稻田进、排水多数是注、排水分开，水利工程配套设施较完善。也有的同丘陵地区一样，上、下田串灌。

5. 安装拦鱼栅

稻田注、排水口应设在相对应的两角的田埂上，使水流畅通。注、排水口应当筑坚实、牢固，安装好拦鱼栅，防止鱼逃走和野杂鱼等敌害进入养鱼稻田。拦鱼栅一般可用竹子或铁丝编成网状，其间隔大小以鱼逃不出为准，拦鱼栅要比进、排水口宽 30 厘米，拦鱼栅的上端要超过田埂 10～20 厘米，下端嵌入田埂下部硬泥土 30 厘米。

6. 消毒和施肥

在冬季开挖鱼沟、鱼坑时或旧的鱼沟、鱼坑修整时，每亩要用 30 千克以上的生石灰撒施消毒，撒石灰时田中应无积水，撒施后一星期再灌水，并亩施 300 千克腐熟粪肥培肥水质，再过 4～5 天后放养鱼苗。

二、品种与搭配

（一）放养品种

近年全国各地涌现了许多新的养殖技术和养殖模式，稻田养鱼品种也由原来的鲤鱼、鲫鱼、草鱼等，发展到放养小龙虾、罗非鱼、鲢鱼、鳙鱼、鳊鲂鱼、鲶鱼以及河蟹、泥鳅、罗氏沼虾、青虾、龟鳖等品种。稻田养鱼的同时，还可以种植萍、笋、菜、食用菌等果蔬进行综合种养经营。不同地区可根据不同情况选择一种或一种以上放养品种。一般情况下，可以在池塘中养殖的水产种类都适用于稻田养殖。

（二）混养搭配

1. 混养优点

稻田鱼类混养不是简单的多种鱼类叠加，而是根据鱼类的食性、栖息习性、生活习性等生物学特性，充分运用养殖鱼类之间的互利作用，搭配不同种类或同种异龄鱼类在同一水体中养殖。稻田混养优点如下：

第一，充分利用饵料。在人工投喂饲料时，主要养殖鱼类的残饵可以被其他小规格鱼种吞食，粪便又可以育肥浮游生物以供鲢、鳙等虑食性鱼类食用。

第二，充分利用水体。不同鱼类栖息水层不同，鲢鳙鱼等在上层，草鱼、鳊鲂鱼等在中下层，青鱼、罗非鱼等在底层，不同栖息水层的鱼类混养可以充分利用稻田的各个水层。

第三，充分发挥鱼类之间的互利作用。主要养殖鱼类的残饵和粪便育肥浮游植物供滤食性鱼类食用，滤食性鱼类吞食大量浮游生物，净化了水质，又为主养鱼提供了优良的生长环境。

2. 鱼种搭配

在稻田鱼类混养时，需要明确主养鱼和配养鱼的种类、数量以及规格，这样才能充分合理地利用稻田水体，达到最大的养殖效益。各种稻田混养模式都是依据当地的具体条件而形成的，然而仍有普遍规律。

首先，每一个混养稻田都要确定主养鱼和适当配养一些其他鱼类。为了充分利用饵料，提高生产力，必须确保主养鱼和配养鱼的饵料不冲突，并且确保配养鱼对主养鱼有利。

其次，明确配养鱼之间的比例。例如，渔谚有"三鳙养一鲢"之说，鲢鱼的抢食能力较强，容易抑制鳙鱼的生长，故一般鳙、鲢的放养比例为3：1。

最后，为充分合理利用水体，应配养不同食性和不同栖息水层的鱼类。在配养鱼种类中，既要有"吃食鱼"又要有"肥水鱼"，各栖息水层的鱼类也应适量搭配。

3. 混养密度

放养密度是获得高产的重要条件。在一定条件下，放养密度越大，产量越高。只有在合理的混养基础上，高密度养殖才能充分发挥稻田水体的生产潜力。然而，一味的追求产量，只能造成恶性循环，最后达不到高产增收的目的。具体混养密度必须根据各地各稻田情况而定。混养密度的确定必须遵循以下原则：

（1）稻田水源好。良好的水质是获得高产量的首要条件。有良好水源和开挖鱼沟鱼溜的稻田，混养密度可以适当增加。

（2）混养种类和规格合理。合理混养多种鱼类和小规格鱼类的稻田，放养量可以适当增加；反之则应适当减少。

（3）饵料和饲养管理措施。充足的饵料才能确保鱼类的正常生长，在饵料充足、管理精细得当的基础上，放养量可相应增加。

三、孵化与育苗

鱼类整个生命周期分为胚前、胚胎、胚后三个发育阶段。胚前期是性细胞发生和形成的阶段；胚胎期是受精鱼苗孵出阶段；胚后期是孵出的鱼苗到成鱼以至衰老死亡的阶段。熟悉掌握鱼类整个生命周期是成功培育鱼苗的基础。所谓鱼苗培育，就是将孵化后3～4天的鱼苗饲养成夏花鱼种的生产过程。因刚孵出的鱼苗身体稚嫩，活动能力弱，适应环境能力较差，不适宜直接放养，需要人工饲养至大规格鱼种方可放养，故鱼苗培育是鱼类养殖过程中的一个关键环节。

（一）鱼苗孵化

1. 鱼卵收集处理

鱼卵收集分为鱼巢和产卵池收集。鱼巢主要是为了收集黏性鱼卵，例如鲤鱼鱼卵；非黏性卵可用产卵池收集。此外，黏性卵必须经过脱黏处理方可进行孵化。

2. 水质要求

一般鱼苗的孵化要求水质清新，温度要求在20℃～30℃，天气时冷时热易导致鱼苗孵化失败。在孵化过程中，鱼卵易染上水霉病，可在孵化池水中加入食盐和加注新水以防水霉病发生。此外，为防止水中敌害生物危害鱼卵，孵化前必须进行消毒处理，清除孵化池水中敌害生物。

（二）鱼苗饲养

1. 鱼苗池准备

鱼苗池要求池堤坚实不漏水，鱼池背风向阳，面积3～5亩，水深1.5米为宜。在鱼苗放养前10天，彻底干塘消毒。同时，进、排水口用双层密网过滤，以防鱼苗逃逸和野杂鱼进入池中。

2. 鱼苗放养

鱼苗下塘前2～3天，每亩施腐熟有机肥100～200千克培育浮游生物，保证鱼苗下塘后有充足的适口饵料。刚孵出的鱼苗均以卵黄为营养，当鱼苗体内鳔充气后，鱼苗方开始摄取外界食物。故必须待鱼苗体内鳔充气方可入塘。

鱼苗培育一般一口池塘只放一个品种，不宜混养，放养密度不宜过低或者过高，每亩放养鱼苗8万～10万尾。鱼苗下塘时，每万尾鱼苗投喂蛋黄2～3个，方法为：将鱼苗放入塑料盆内，将蛋黄用水稀释，然后经40目聚乙烯网布过滤后，均匀洒在盆内，再等20分钟放入池塘。此外，注意氧气袋与鱼池水温相差不能超过3℃，并选择上风离岸2～4米放苗。

3. 饵料投喂

鱼苗培育以投喂生豆浆为主，施肥为辅。豆浆泼洒要量少多次，均匀泼洒，同时要求现磨豆浆泼洒。在鱼苗入池5～7天后，每2～4天追肥一次，每次每亩施腐熟有机肥80～100千克，确保鱼池中有充足的天然饵料供鱼苗取食。

4. 水质调节和病害防治

保证池水"肥、活、爽、嫩"是鱼苗生长的关键。鱼苗入池前期，为利于提高水温和饵料生物生长繁殖，控制育苗池水位在40～60厘米。7天后，每2～4天注水一次，每次加注新水不超过15厘米，扩大水体，满足鱼苗生长对水体空间的需求。注水时应注意注水时间不宜过长，且保证水流水平缓慢入池，以免鱼苗长时间顶流，消耗体力，影响生长或引发跑马病。

在鱼苗育苗阶段，鱼苗易患跑马病、白头白嘴病、白皮病等，要做好鱼病防治工作。鱼病防治工作要遵循"预防为主，防治结合"的原则。培育期内每7天左右每亩池水可用15千克生石灰泼洒一次，以预防鱼病。

（三）注意事项

每天勤巡塘，观察鱼苗活动和生长情况，发现病鱼苗和死鱼苗要及时治疗和清除；观察水质情况，以确定投饵数量和施肥量。鱼苗经一段时间培育，长到3厘米以上时，要及时分池降低池内鱼苗密度，促进夏花生长和提高夏花出池规格。夏花鱼苗出池前，进行2～3次拉网锻炼，拉网前一天要停止喂食，同时操作时要求动作要轻，速度要慢。

四、饲养管理

俗话说"稻田养鱼，三分技术，七分管理"，日常管理工作的好坏是稻田养鱼成败的关键，要防止重放轻养管理的倾向。管理除严格按稻田养鱼和种稻的技术规范实施外，每天需巡田及时掌握稻、鱼生长情况，针对性地采取管理措施。大雨、暴雨时要防止漫田；检查进、出水口拦鱼设施是否完好；田埂是否完整，是否有人畜损坏，有无黄鳝、龙虾洞漏水、逃鱼；

有无鼠害、鸟害，并及时采取补救措施。

在传统稻田养鱼的区域，一般已形成公共秩序，管理较为单纯；而新区则往往需通过技术与行政措施相结合才能奏效。为了便于管理，以成片、成大片开展稻田养鱼有利于管理。

（一）日常管理

1. 巡田

鱼苗投放稻田后，要坚持巡田，及时消灭水鼠、黄鳝等敌害生物；及时修补田埂和注、排水口的破、损和漏洞；并经常清除鱼栅上的附着物，保证进、排水畅通。不在稻田中施用农药。可适当给鱼儿投喂些糠麸、酒糟及饼类等农副产物，以促进鱼类生长，提高鱼的产量。

2. 晒田

目的是通过排水干田，加速水稻根系发育，控制无效分蘖，提高水稻产量。稻田养鱼晒田，应做到晒田不晒鱼、不伤鱼。晒前先清理疏通鱼沟、鱼溜，然后缓慢排出田面水，并在鱼沟、鱼溜处投放精料，将鱼引入鱼沟、鱼溜内。晒田时鱼沟内水深应保持在 20～30 厘米，晒田后要及时恢复至原来水位。

3. 田水管理

稻田养鱼水位变化主要根据水稻的需水量来定。总体上，除晒田阶段外，田间水位是由浅到深，与鱼对水的要求基本一致。稻田养鱼应保持沟溜坑凼中有微流水，水流以早晚鱼不浮头为准。平时大田水位按常规种稻管理，水深 5 厘米左右，在水稻生长中后期，每隔几天提高一次水位，直到 15 厘米高，让鱼吃掉老稻叶和无效分蘖。

4. 处理好晒田与养鱼的关系

对排水不良，土壤过肥的低产稻田，禾苗贪青徒长。传统做法是排水晒田，促进水稻根系生长、禾苗长粗，病虫害减少，抑制无效分蘖。晒田前先疏通鱼沟鱼溜，再将田面水缓慢排出，让鱼全部进入鱼沟鱼溜或坑凼中，沟内水深保持 13～16.5 厘米，最好每天将鱼溜鱼凼中的水更换一部分，以防鱼密度过大时缺氧浮头，晒田时间过长时可将鱼捕出暂养在其他水体中。晒田程度以田边表土不裂缝、水稻浮根发白、田中间不陷脚为好。稻田养鱼是否必须晒田呢？湖北省崇阳县农科所和湖南桃源县农科所试验表明，稻田养鱼后不晒田对稻谷产量没有影响，因低洼田种早稻养鱼，加深水位反而能抑制无效分蘖。另外可通过培育多蘖大苗壮秧的方法，使晒田时间缩短甚至不晒田。

5. 投饵

稻田养鱼分不投饵和适当投饵两类。不投饵即纯粹利用稻田天然饵料，鱼种放养少，鱼产量较低；适当投饵即在鱼溜和固定某段鱼沟中投饵，鱼种放养密度较大，产量较高。

所谓适当投饵，即根据放养的鱼种种类、食性及其数量，按"四定"投饵法，投喂精料或草料。一般精料占鱼总体重（根据鱼体、大小估算）的5%左右，草料占草食性鱼类总体重的20%～30%，并根据天气、鱼的吃食情况增减，以免不足或过多浪费而影响水质。

稻田养鱼因田中天然饵料数量有限，每亩仅能产鱼10～15千克。要获得更高的鱼产量，必须人工投饵。1994年四川省南充市顺庆区试验表明，亩放鱼种20千克，52天后投饵田鱼个体重365克，不投饵的仅221克。精饲料日投饵量按鱼体重量的2%～3%投喂，青饲料以2小时内吃完为宜。放养大规格草鱼种并蓄再生稻时，必须投足饵料，否则草鱼将取食水稻分蘖芽，使再生稻颗粒无收。稻田养鱼投饵遵循"四定三看"（定时、定质、定量、定位，看鱼、看水、看天）原则，并根据实际情况灵活掌握，一般坚持定点在鱼凼内食台上投饵，生长旺季日投两次，上午8：00～9：00，下午4：00～5：00，量以1～2小时吃完为度，精饲料投放量为鱼种体重的5%～8%，青饲料投入量为鱼体重的30%～40%。根据天气、鱼类活动和水质决定投饵量，并在鱼溜、鱼凼处搭食台和草料框。为了充分利用天然饵料和防治水稻虫害，当发现水稻有害虫时，每天用竹竿在田中驱赶一次，使害虫落入水中被鱼吃掉。

6. 施肥

适量施肥对水稻和鱼都有利。原则上以施基肥为主，追肥为辅；施农家肥为主，化肥为辅。追肥应视稻田肥力而定，肥田少施，瘦田多施。不要将肥料撒在鱼沟里，以免伤害鱼类。

在稻与鱼的管理上，坚持以稻为主，兼顾养鱼的原则，采取稻鱼双利的管理方法。选用尿素和氯化钾作水稻追肥，早稻亩施尿素13千克，晚稻亩施尿素20千克，氯化钾全年亩用量7千克。尿素早、晚稻均分两次施用，氯化钾施用一次；即早稻用晚稻则不用。防治水稻病虫，选用杀虫双、乙酰甲胺膦、乐果、叶蝉散，每次每亩用量分别为250克、100克、100克、250克。一般早稻用药1次，晚稻用药2次。早稻田灌溉采取浅—深—浅的方式，即从移栽到拔节浅灌（田面水层3.5厘米左右），孕穗至扬花期深灌

（水层 6 厘米左右），蜡黄期开始浅灌（水层 3 厘米）。晚稻采取深—浅—深—浅的方式灌溉，即移栽到活蔸深灌（深水活蔸），分蘖期适当浅灌，孕穗到扬花期深灌，之后浅灌。为了补充稻田天然饵料的不足，根据稻田鱼类摄食情况，投喂一些人工饵料。亩投喂菜籽饼（或米糠）50 千克和足量的红萍、嫩草。稻田养鱼的日常管理着重抓防逃、防洪、防敌害（水蛇、田鼠等）。蔬菜一律用人粪做追肥，按常规用量施用。当瓜蔓长到 40～50 厘米时，在坑凼上用树木枝条等材料架设瓜棚，瓜棚高距田面 1～1.5 米，共搭瓜棚 13 个（次）。田中留水收稻，鱼类在早稻收获前（或收获时）捕大留小，并及时补足鱼种，晚稻收割前鱼全部起水。

种养结合：开沟、挖坑、搭棚种瓜是解决稻、鱼在生产过程中的某些矛盾和防止高温死鱼的好办法，是促进稻田养鱼迅速推广、提高稻田养鱼单产的有力措施。稻田养鱼，稻与鱼虽然有共生互利的一面，但也确存在着一些矛盾，诸如稻田施用化肥、农药和浅灌晒田与养鱼的矛盾，特别是双抢期间高温死鱼的问题等。在养鱼田开沟、挖坑、搭棚种瓜的目的就是为鱼建造一个"避难所"，当进行上述对鱼类安全有威胁的生产活动及"双抢"高温时，让鱼进入其中"避难"，从而使稻与鱼的矛盾得到妥善的解决。实践证明，在坑上搭棚种瓜是防止"双抢"高温死鱼较为理想的一种方法。

注意事项：稻田养鱼放养时间越早越好。养食用鱼的稻田以放 4～10 厘米长的鲤鱼或罗非鱼为宜（早稻则应放上述规格的春片），养鱼种为主的稻田则以放 4 厘米长左右的鱼为宜，并以养草鱼种效果最好。养食用鱼的稻田每亩放 300～600 尾（双抢时捕大留小，及时补放鱼种），另搭配 100～200 尾草鱼种。养草鱼种的稻田每亩放 1500～2000 尾，另搭配 15% 左右的鲤鱼。适当补充人工饵料是实现稻田养鱼高产的物质保证。坑凼旁种瓜以种丝瓜较好，瓠瓜、苦瓜、扁豆、刀豆等亦可；田埂上种菜可根据需要和季节合理组合（或间作、套作）。坑凼、鱼沟面积一般占稻田面积 5% 左右为宜，面积不得少于 10 平方米，并尽量挖深一点，至少不浅于 30 厘米，搭棚高度以离田面 1.5 米左右为宜，棚架面积较大的也可适当高一点。夏秋季可在坑凼、鱼沟中人工放养红萍和水浮莲等做青饲料。若实行冬闲养鱼的稻田，可将坑凼稍加改善供鱼越冬。

7. 调节水位，正确处理水稻水位深浅与养鱼矛盾

根据水稻不同生长阶段的特点，适时调节水位。插秧后到分蘖后期水深 6～8 厘米，以利秧苗扎根、还青、发根和分蘖。这时鱼体小，可以浅灌；

中期正值水稻孕穗需要大量水分，田水逐渐加深到 15～16 厘米，这时鱼渐长大，游动强度加大，食量增加，加深水位有利鱼生长；晚期水稻抽穗灌浆成熟，要经常调整水位，一般应保持 10 厘米左右。

8. 防洪抗旱

近几年来，气候异常，洪涝灾害频发，干旱时要注意蓄水保鱼，节约用水；暴雨来临时要做好准备，防止田水满溢逃鱼，如果有鱼坑稻田，可把鱼集中在鱼坑中然后四周用网拦住，或者在鱼坑上面加网罩，可起到保鱼防逃作用。

9. 防治敌害

稻田养鱼有鸟、鼠、蛇、野猪、水生昆虫等多种敌害，对鱼危害极大。主要防治方法如下：

（1）鸟类：稻田养鱼的害鸟有苍鹭、鹰、红嘴鸥、翠鸟等，一般可人为驱赶或利用装置诱捕器捕捉。近年来，白鹭多，已成为威胁稻田养鱼安全的头号害鸟。预防白鹭最理想的措施是在养鱼田上空安装塑料网；还可在田中养萍，使鸟看不见鱼而达到防鸟目的。翠鸟喜欢在高处栖息，在大田中插上木桩，再在桩上安装老鼠夹，翠鸟站在老鼠夹上时，脚被夹住不能逃脱而被捕捉。山区农户用此法捕捉，均能达到较好效果。由于捕到的翠鸟是活的，直接放回自然界它会重新回来吃鱼，最好是将鸟放在远离农田的其它地方，可免除翠鸟之害。

（2）鼠类：稻区主要有褐家鼠、黄毛鼠、小家鼠等，它们不但咬断稻株吃穗，而且捕食田中养殖鱼类，可用鼠药杀灭，使用时注意人、鱼安全。

（3）蛇类：主要害蛇有泥蛇、银环蛇、水赤练蛇等，可用网围不让蛇类进入大田。泥蛇可用"灭扫利"除之，但要注意鱼安全。具体方法可在放养前用"灭扫利"进行带水清田，并注意周围田安全，以免毒水流入其他田内。

（4）害虫类：主要有水蜈蚣、田鳖、松藻虫、红娘华等，这些害虫可用敌百虫杀灭。方法是，每方水用 90％敌百虫 0.5 克泼洒。少数田还有蚂蟥，常用吸盘吸住鱼的眼睛，使鱼发炎以至眼球脱落，影响成活。防治方法：养鱼稻田在翻耕施肥后每亩用生石灰 50 千克溶化成浆遍洒，并在田埂四周多洒浆水，可消灭蚂蟥、黄鳝、泥鳅等。

10. 做好防暑降温工作

稻田中水温在盛夏期常达 38℃～40℃，已超过鲤鱼致死温度（一年生鲤鱼 38℃～39℃，二年生鲤鱼 30℃～37℃），如不采取措施，轻则影响鱼的生长，重则引起大批死亡，因此当水温达到 35℃以上时，应及时换水降温或适当加深田水，做好鱼类转田工作。鱼类转田有几种方法，最好的方法是在一丘稻田里、各半种植成熟期不同的稻作品种，例如种植早熟、中熟或晚熟品种，这样在收割早熟或中熟稻谷时，鱼就会自然游到晚熟稻那边去，而收割晚稻时，原来早熟品种的那一半稻田已插入晚稻秧苗；鱼又会自动游到以插晚稻秧苗的这一部分稻田中来，晚稻品种的这部分稻田耕作可照常进行。另外，同一鱼田，因稻谷成熟早晚有别，其病虫害发生时间也不一样，撒农药时间也必然前后不同，落到水中的药物浓度也低，鱼类有避难之处，如不采用此法也可利用鱼沟和鱼溜，把鱼集中后再进行转移。

（二）鱼种规格和放养密度

1. 放养规格

放养规格与养殖目的有关：若为培养鱼种，则放养夏花鱼苗，如利用秧田、早稻田培育草鱼或鲤鱼种，也可将附着鲤鱼卵的鱼巢直接放入秧田孵化；若为培养大规格鱼种，可放养 3.3 厘米以上的鱼种；如培养食用鱼，应放养全长 16～25 厘米的大规格鱼种，如四川省南充市顺庆区稻田养成鱼，要求放养的鲤鱼尾重 50～150 克、草鱼尾重 150～250 克。

2. 放养密度

放养密度与鱼种规格、沟溜坑凼的面积和水稻种植方式有关，沟溜坑凼面积大时，密度可大一些，鱼种规格大时应少放一些。

（三）放养时间及放养前处理

1. 放养时间

稻田养鱼放鱼的时间取决于放养规格和种类。当培育鱼种时，在秧田撒稻种、早稻田插秧前开好鱼沟装好鱼栅后放鱼；而放养 7 厘米左右吃食性夏花鱼种时，需在秧苗返青后放养，以免鱼吞食秧苗；隔年草鱼种必须在水稻拔节及有效分蘖结束后才放入田中。目前许多地方稻田养鱼为延长鱼的生长期，早在插秧前已将鱼苗或鱼种投放到鱼溜鱼凼中了，待秧苗返青后加深水位，打通鱼沟鱼道，放鱼入田。

稻田多种鱼混养时，各种鱼是同时投放还是分批放养受天然饵料的数量限制，一般是一次投足，也有轮捕轮放的作法。如单季稻田周年养鱼时，水稻收割淹青后浮游生物才大量繁殖，此时必须增投鲢鳙鱼种，以充分利用饵料资源。

2. 放养前处理

放鱼前 10～15 天，鱼函、沟溜用生石灰消毒，其方法同池塘清塘。鱼苗鱼种放养前用 2%～4% 的食盐水浸泡 3～5 分钟，也可用 8 毫克/千克硫酸铜，或 10 毫克/千克漂白粉，或 20 毫克/千克高锰酸钾液浸泡鱼体。鱼种大、水温低时，浸泡时间长，反之则短，通过浸泡可预防多种鱼病。

（四）稻田养鱼施肥技术

1. 施肥要求

合理的稻田施肥，不仅可以满足水稻生长对肥分的需要，而且能增加稻田水体中的饵料生物量，为鱼类生长提供饵料保障。由于施肥的种类、数量及方式的不同，均要确保鱼类安全不致造成肥害。

2. 施肥原理

施肥后一部分肥料溶解在水中，部分被土壤吸收，一部分被水稻吸收。水稻吸收肥料是通过稻根的毛细管吸收溶于水中的肥料，其作用是直接的。而肥料对养鱼来讲是间接的，具体反映在三个方面：一是施肥后养分被浮游植物吸收，通过光合作用，大量繁殖的浮游植物作为鱼的饵料被鱼摄食；二是以浮游植物为食的浮游动物及细菌作为鱼饵料被鱼摄食；三是有机肥中的碎屑可直接被鱼摄食，如刚施下的鸡粪、猪粪，发现有鱼来觅食，证明鸡粪、猪粪中还有一定有机碎屑为鱼所用。

3. 施肥原则

以有机肥为主，化肥为辅；以基肥为主，追肥为辅。

有机肥施入稻田后分解较为缓慢，肥效时间长，有利于满足水稻较长生长阶段内对养分的基本要求，同时施有机肥能为养殖鱼类提供部分天然饵料，满足鱼生长需要。如果有机肥施多了可起到减少化肥用量作用。温州市永嘉县界坑乡兴发村利用草籽田养鱼，水稻用肥仅用复合肥 20 千克就是一个例子。值得注意的是，有机肥未发酵施入大田后要消耗大量氧气，同时产生硫化氢、有机酸等有毒有害物质，数量过多会直接威胁稻田放养鱼类的安全。

化肥肥效快，宜作追肥。从肥料种类看，氮素肥料主要有尿素、硫酸铵、碳酸氢铵等，磷肥有钙镁磷肥、过磷酸钙等，钾肥有氯化钾等，但目前主要以复合肥为主。

4. 确定施肥量

根据配方施肥要求，每生产 500 千克稻谷吸收氮素 10～13 千克，折合尿素 21.74～28.26 千克；五氧化二磷 5～7 千克，按 20％有效成分，需过磷酸钙 25～35 千克；氯化钾 8～12 千克，按 60％有效成分算，需钾肥 13.3～20 千克。根据配方施肥要求，提出水稻施肥配方建议：基肥亩施厩肥 500～1000 千克或水稻专用肥 50～75 千克；追肥、分蘖肥，尿素 5～7 千克，氯化钾 5～7 千克；孕穗期看情酌施尿素 3～4 千克。由于各地土质不同，气候存在差异，可参照测土情况科学施肥。

养鱼稻田施肥除考虑水稻生长用肥，还必须要兼顾鱼类施肥安全，为此，稻田养鱼标准中有具体要求，在水温 28℃以下，水深 6 厘米以上，每亩复合肥一次用量控制在 3～6 千克，少吃多餐，以保证鱼的安全。

5. 注意事项

（1）适温施肥。水稻适宜生长的水温为 15℃～32℃，随着水温升高，肥料利用速率加快。在 25℃～30℃时，肥料利用速率最快。对养鱼来讲，高温施肥，由于肥料分解快，毒性强，容易使鱼中毒死亡。温州市永嘉县大若岩镇银泉村一农户曾在水温 36℃时亩施尿素 2.5 千克，结果田鱼全部死亡，就是一个教训。如果非在高温期施肥不可，可采取量少次多，大田分半施肥等方法比较妥当。

（2）晴天施肥。晴天是施肥最佳时期，原因是光合作用强，对稻鱼各有利；雨天不要施，原因是光合作用弱。

（3）天闷不要施肥，以免鱼缺氧。

（4）不要混水施肥，以免肥效损失大。

（5）一次性施足基肥，以后不用再施追肥，可解决因施追肥而伤鱼的事故发生。

（五）养鱼稻田的水稻病虫防治

养鱼稻田选用高效、低毒、低残留农药是保持水稻高产稳产、粮渔协调发展，防止农业生态环境污染的关键措施。

农药对鱼类的毒性：农药对稻田主要养殖鱼类的急性毒性是指鱼类接触污染物在短时期内所产生的急性中毒反应。半致死浓度通常用鱼类在一定浓度的农药溶液浓度，经 48 小时死亡一半时的溶液浓度，用 48 小时 LC_{50} 来表示。

不同种类的农药对稻田同一养殖鱼类急性中毒的半致死浓度并不相同。而同一农药品种，对稻田不同养殖鱼类其半致死浓度也不相同。草鱼在杀虫双溶液中 48 小时的半致死浓度为 9.5 毫克/千克，鲤鱼则为 13.75

毫克/千克；而草鱼在甲胺磷溶液中的 48 小时 LC_{50} 却为 168 毫克/千克，显然表明鱼类对农药的敏感性因农药品种不同而存在一定的差异。为稳妥起见，在养鱼稻田使用农药前，应结合当地稻田主要养殖鱼类品种进行毒性试验。在测试时应选用大小相等、在同一条件下得到的，经淘汰病劣幼鱼的健康、活泼鱼苗。试验用水最好经曝气处理。然后，对若干条鱼预先进行试验，大致得出 LC_{50} 值的浓度范围，以此为中心，制定出 LC_0 值到 LC_{100} 值之间若干阶段的药液作用浓度。LC_0 值称为最小致死浓度，LC_{100} 值称为最大安全浓度。同时设置不含农药的对照处理。每一处理设置 3 次重复，每一重复盛试液 3000 毫升。投入大小一致的供试鱼苗 20 尾，鱼苗大小和体重应一致。经 24 小时更换试液 1 次，观察死鱼数，此外，环境因子对急性毒性试验的影响较大，试验时的水温应保持 20℃～28℃为好，并应注意曝气。记录经 48 小时的死鱼数，并应用直线内插法即可求出鱼类在各种农药试液中 48 小时 LC_{50} 值。具体作法为在半对数座标纸的对数刻度上设供试液的浓度，在普通刻度上设生存率的上下两点，用直线连接此两点，相交于 50％生存率，把以相交点所表示的浓度做半致死浓度（或用 TLM 表示耐药中浓度）。

　　鱼类对农药的敏感性显然因农药种类而定，通常拟除虫菊酯和有机氯杀虫剂对鱼类毒性强，而有机磷杀虫剂却弱。在对人畜和鸟类毒性强的农药中，也有对鱼类却是弱的农药，因此难以从人畜和鸟类毒性来推测对鱼类的毒性。通过农药对鱼类的急性毒性试验，在以室内试验鱼类耐药 48 小时半致死浓度的基础上，通常以耐药浓度为 1 毫克/千克以下定为对鱼类高毒农药，1～10 毫克/千克定为中毒，10 毫克/千克以上则为低毒。以此毒性指标为根据，属于高毒农药的有：六六六（林丹）、1605、敌杀死（溴氰菊酯）、速灭杀丁（杀灭菊酯）、五氯酚钠、鱼藤精等。中毒农药有敌百虫、久效磷、敌敌畏、马拉松、稻丰散、杀螟松、稻瘟净、稻瘟灵等。低毒农药有多菌灵、甲胺磷、杀虫双、三环唑、速灭威、扑虱灵、叶枯灵、稻瘟酞和井冈霉素等。

　　农药使用：农药用量应按农药使用技术要求常规推荐量施药，一般中低毒农药品种对稻田鱼类不会引起毒杀，如果超过正常用量，重者会引起鱼类毒杀，轻者也会影响鱼类的正常生长发育。为了使养鱼稻田中施农药时，鱼有个安全去处，同时便于集中投喂饵料，不致盲目饲喂，以提高饵料效率，也便于鱼类集中起捕，不论是哪种水稻栽培方式的稻田养鱼，要获得稻鱼双丰收，都必须开挖鱼凼、鱼沟，以避免或减少鱼中毒。具体方法是先从离鱼凼远的地方喷施农药；鱼群嗅到气味后，自动游到鱼凼躲避。或在施药前在鱼凼内投入带香味的饵料。吸引鱼群入凼。投饵料后2小时堵住凼口，不让鱼群外出或缓缓地放浅田水，待鱼进入鱼凼后再灌深田水，可避免鱼遭农药毒害。但对于某些在环境降解较为缓慢的农药，则应考虑到鱼类体内残留农药的长期积累、生物富集而造成慢性中毒，以致影响其生长发育。

大部分农药在稻田使用后被土壤吸附性能弱，而随水迁移性能较大，且在水中降解缓慢。由于水体中农药含量和鱼体中农药残留量呈显著正相关，因而在一定程度上可导致影响鱼类生长。为了保护药效、防止或减轻其对水生生态环境的影响，应加强对稻田管理，既要避免短期内将田水排出，减少渗漏，又要保证稻田中鱼类的正常生长，在保证水稻的防虫效果后，应适时排水换水。因此中稻田在应用杀虫的农药时，最好放在水稻二化螟发生盛期喷施。前期可应用杀螟松、马拉硫磷、敌百虫等易于在稻田生态环境中消解的农药。若在水稻收割后进行围水田和冬水田养鱼的稻田，切忌在水稻后期使用杀虫双。

施药时稻田应保持一定的水层，因水的深浅会影响到农药的安全浓度，提倡深灌水用药，特别是治虫，水层高既可提高药效，也可稀释药液在水中的浓度，减少对鱼类的危害。稻田水层应保持6厘米以上，如田水中水层少于2厘米时，对鱼类的安全带来威胁。病虫害发生季节往往气温较高，一般农药随着气温的升高而加速挥发，也加大了对鱼类的毒性，施药时应掌握在阴天或下午5时后施药，可减轻对鱼类的危害。为了保证鱼的安全，应注意农药的使用方法，喷施水溶液或乳剂均应在午后进行，药物应尽量喷洒在稻叶上，这样不但能提高药效，而且可避免药物落入田水中危害鱼类。喷雾法雾滴细而不飘移，沉积量高，每亩用量少，防治效果最佳又有利于保护天敌及水生生物，减少对农业环境的污染。而喷施粉剂则要在露水未干时进行，尽可能使药粉黏在稻秆和稻叶上，减少落入水中的机会。喷雾采用背负式喷雾器，细喷雾雾滴直径小于200微米，在植株上黏着性好，滴落在田水中的农药少。养鱼稻田可提倡农药拌土撒施的方法。在使用毒性较高的农药时，应先将田水放干，驱使鱼类进入鱼沟、鱼凼内。沟凼外泥土稍加高，然后再施药，为防止施药期间沟、凼中鱼的密度过大，造成水质恶化缺氧，应每隔3～5天向鱼凼内冲1次新水，等药味消失后，再往稻田里灌注新水，让鱼类游回田中。

（六）稻田夏花培育措施

1. 选好田

根据各地经验，培苗田要选择水源条件好、阳光充足、交通方便、面积适中的"硬田"，切不可选择"烂泥田"，否则鱼苗成活率很低，甚至出现培种失败。

2. 防敌害侵入

培苗田四周要用塑料网围好，以防蛇、青蛙进入；苗田注水时水要通过纱布过滤后流入大田，以防野杂鱼卵、野杂鱼等随水进入，确保培苗安全。

3. 放苗前要进行清田消毒

清田首选药物是生石灰，消毒方法按常规法进行。如果天气稳定晴好，放干田水，利用太阳光晒几天也可起到一定的消毒效果，切不可不消毒就放苗。

4. 注意鱼苗质量，老嫩要"扣牢"

所谓嫩苗，是指鱼苗本身的卵黄还没有耗完，专以蛋黄为食；老苗是指鱼苗本身的卵黄已耗尽，依靠水中饵料生活。老嫩要"扣牢"，是指鱼苗本身卵黄将耗尽就要开始向外摄食的这段时间放入大田最适时。在天气晴朗的情况下，出苗 4 天后的鱼苗放入苗田比较合适，具体视各地天气情况而定。为了确保鱼苗质量，培种户最好与繁苗户事先进行联系，商定放苗时间。放苗时要注意密度合理，由于稻田水浅，亩放养量掌握在 5 万～8 万尾，同时还要注意天气，晴天上午放苗最好，并注意温差不超过 3℃。为了提高鱼苗成活率，还要做到饱食下田，方法是利用熟蛋黄 1 个揉成蛋黄水后喂苗，1 个蛋黄 1 次可喂 10 万鱼苗。

5. 重视饲养管理。

一要科学投饵施肥，确保鱼苗快速健康生长；二要分期注水，保持水中溶氧充足，水质肥、活、嫩、爽；三要及时清除水中有害生物如水蜈蚣等，可用敌百虫杀灭，用药浓度 $0.3 \sim 0.5$ 克/米^3，全田泼洒。平时要精心管理，像喂养婴儿那样重视鱼苗培育。

五、病害防治

（一）疾病发生的病因

1. 病因种类

疾病是在致病因素作用于鱼体后，扰乱了正常生命活动的一种异常的状态。一切干扰鱼体的因素，包括病原生物、养殖水环境因子（物理的、化学的）、鱼体自身的生理失调（物质代谢紊乱、免疫力下降）等都可能引发疾病。研究鱼类疾病时，应当把外界环境因素与鱼类机体本身的内在因素有机结合起来，才能正确地了解鱼类发病的病因，从而得出准确的结论。

2. 疾病与病原生物的关系

鱼类疾病大多数是由于各种病原生物的传播和侵袭而引起的。鱼类养殖生产中常见的病原生物有：病毒、细菌、霉菌、寄生虫等。另外，还有一些生物直接或间接地危害着鱼类。如水鸟、凶猛鱼类、水蛇、水生昆虫、水网藻等敌害生物。当病原生物达到一定数量或致病性（毒力）强时，就可使养殖群体中的一部分抗病力弱的群体首先感染和生病。

3. 疾病与养殖环境的关系

鱼与其生活的环境是统一的，如果水环境因子例如溶解氧、酸碱度（pH 值）、温度、盐度、光照、透明度等异常，或底质污浊，残饵、粪便多，或养殖水中含有有毒物质，水质不能满足鱼的基本生理需求，就可能直接或间接危害鱼体从而导致疾病的发生。

（1）溶解氧　水中溶解氧含量对鱼类的生长至关重要。水中溶解有各种气体，它的主要来源有两个方面：一是由空气中直接溶解于水；二是水中生物的生命活动以及底质或水中物质发生化学变化而产生。主要的溶解气体为溶氧、二氧化碳及硫化氢等。一般情况下，水中溶解氧不得低于 4 毫克/升，鱼类才能正常生长。如果溶解氧过低，鱼类则容易发生浮头，严重时则引起泛塘；水中溶解氧过饱和，则容易引起鱼苗、鱼种发生气泡病。水中溶氧除了日变化外，还明显存在着季节变化，通常是由水温的变动引起的。在稻田中白天水生植物光合作用所释放的氧气，远远超过鱼类及其他水生生物所消耗的氧气，特别是在下午或傍晚溶氧常达到高峰，而在黑夜由于水生植物停止光合作用，因而清晨是水中溶解氧最低的时刻。

（2）酸碱度（pH 值）　大多数鱼类对水体酸碱度（pH 值）都有一定

的适应范围，通常以 pH 值 7.0~8.5 为最适宜，pH 值低于 5 或高于 9.5，一般就会引起鱼类生长发育不良甚至死亡。

（3）温度　鱼类是变温动物，没有体温调节系统，体温随着外界温度的变化而变化。如果外界温度突然急剧变化，鱼类就会产生应激反应，情况严重时还可能会引起鱼类大量死亡。一般情况下，鱼苗下塘时水温差不得超过 2℃，成鱼不得超过 5℃。

（4）光照　光是决定水域生产力优劣的重要因素。水中绿色植物依赖日光作能源将水体中的无机物转化成有机物。这些有机物就是滤食性鱼类的主要食物来源。水中悬浮物和溶解物质越多，光透入水层就越浅。因此，较深的水层，光通常不能满足植物生长的需要，所以光照直接影响到浮游植物的垂直分布。

各种浮游植物对光照的要求是不相同的，浮游植物中的蓝藻类喜强光和高温，绿藻类次之，硅藻和金藻等喜弱光和低温。浮游动物种类不同对光照的反应则表现为趋光性或背光性，但通常均不喜欢强光。

（5）透明度　透明度是光线渗入水层的量度，一般用萨氏盘来进行透明度的测定。它是一个金属圆盘，用油漆按对角线位置漆成黑白相间的四块。测定时将圆盘逐渐放入水底，直至恰好看不见圆盘黑白相间的轮廓为止，以此深度作为透明度的度量，以厘米为单位。透明度随不同水域、季节及水质的肥度而不一。通常在同一水域冬季的透明度大，而夏季因浮游生物繁茂而下降。水的透明度大小与水中的无机物、悬浮物以及是否有大量藻类存在有关。洁净的水，其透明度可达数米，这种水溶氧丰富，但浮游生物数量少，只适宜网养给食性鱼类。在稻田富营养化的自然水域中，有时透明度只有 30~50 厘米，这种水体只要溶氧量高，适宜养滤食性鱼类。

（6）水中化学成分和有毒物质　鱼类如果长期生活在汞、镉、铅、铬、镍、铜等重金属盐含量较高的水体中，容易引起弯体病或慢性中毒等；若水体中排入大量石油、酚、氰化物、有机磷农药等污水，则容易引起鱼类中毒大量死亡。水体中的有机物、水生生物等在腐烂分解过程中，不仅会消耗大量水中溶解氧，而且还会释放出大量硫化氢、沼气等有毒有害气体，导致鱼类发病和死亡。

4. 疾病与鱼体自身的关系

首先是不同种类和年龄的营养、摄食、鳞片、皮肤、黏液层、内分泌等的差异，其疾病的发生与否是不一样的，这是因为不同种的免疫力和年龄大小并不一致。其次，养殖群体中可能存在某一些易感性个体。所谓易感性个体，即是指抗病力弱的个体。病原体只有当其入侵到抗病力弱的鱼体后，才会引起疾病的发生和蔓延。鱼体自身对疾病都有抵抗力，即鱼体的免疫力，是鱼类机体本身的内在因素。鱼类机体自身的免疫力以及免疫力的强弱，对鱼类是否发生疾病具有至关重要的作用。实践证明，当某些流行性鱼病发生时，在同一池塘内的同种类同龄鱼中，有的患病严重死亡，有的患病轻微，逐渐痊愈，有的根本就不被感染。在一定环境条件下，不同鱼类对某种疾病具有不同的免疫力，比如在同一池塘中草鱼发生肠炎病时，鳙鱼则不发病。

（二）疾病初步判断与诊断依据

1. 疾病的初步判断

首先要判断是否由病原体引起的疾病，因为非病原体导致的鱼体不正常或者死亡现象，通常都具有与病原性疾病明显不同的症状：

（1）因为饲养在同一水体中的鱼类受到来自环境的应激性刺激是大致相同的，鱼体对相同应激性因子的反应也是相同的，因此，患病鱼体表现出的症状比较相似，病理发展进程也比较一致。

（2）除某些有毒物质引起鱼类的慢性中毒外，非病原体引起的鱼类疾病，往往会在短时间内出现大批鱼类失常甚至死亡。

（3）查明患病原因后，立即采取适当措施，症状可能很快消除，通常都不需要进行长时间治疗。

2. 疾病的初步诊断依据

（1）依据疾病发生的季节

因为各种病原体的繁殖和生长均需要适宜的温度，而饲养水温的变化与季节有关，所以，鱼类疾病的发生大多具有明显的季节性，适宜于低温条件下繁殖与生长的病原体引起的疾病大多发生在冬季，而适宜于较高水温的病原体引起的疾病大多发生在夏季。

（2）依据患病鱼体的外部症状和游动状况

虽然多种传染性疾病均可以导致鱼类出现相似的外部症状，但是，不同疾病的症状也具有不同之处，而且患有不同疾病的鱼类也可能表现出特有的游泳状态。如鳃部患病的鱼类一般均会出现浮头的现象，而当鱼体上有寄生虫寄生时，就会出现鱼体挤擦和时而狂游的现象。

（3）依据鱼类的种类和发育阶段

因为各种病原体对所寄生的对象具有选择性，而处于不同发育阶段的各种鱼类由于其生长环境、形态特征和体内化学物质的组成等均有所不同，对不同病原体的感受性也不一样。所以，鲫或者鲤的有些常见疾病，就不会在冷水鱼的饲养过程中发生，有些疾病在幼鱼中容易发生，而在成鱼阶段就不会出现了。

（4）依据疾病发生的地区特征

由于不同地区的水源、地理环境、气候条件以及微生态环境均有所不同，导致不同地区的病原区系也有所不同。对于某一地区特定的饲养条件而言，经常流行的疾病种类并不多，甚至只有 1～2 种，如果是当地从未发现过的疾病，如果患病鱼也不是从外地引进的，一般都可以不加考虑。

（三）鱼类常见疾病及预防措施

1. 水霉病

（1）病因

发生在 20℃以下的低水温季节。鱼类在越冬期或开春季节时，因鱼体的损伤、鳞片脱落，导致水霉菌入侵，在受伤及病灶处迅速繁殖，长出许多棉毛状的水霉菌丝。病鱼焦躁不安，游动缓慢，食欲减退，鱼体消瘦终至死亡。

（2）防治方法

①在捕捞搬运和放养时尽量避免鱼体受伤，使水霉菌难以侵入，同时注意放养密度要合理。

②鱼入池前可用浓度为 3% 的食盐水浸洗鱼体 5～15 分钟，进行鱼体消毒，并促进鱼体伤口愈合。

③发生水霉病时，可用 0.4 克/升食盐与小苏打合剂全池泼洒或浸洗病鱼。还可用菖蒲（2.5～5 千克）＋（0.5～1 千克）食盐＋（2～5 千克）人尿，混合捣为泥浆全池泼洒；旱烟叶 10 千克/每亩，煮水全池泼洒；五倍子碾碎煮水全池泼洒，每立方米用药 4 克。

2. 小瓜虫病

（1）病因

流行于初冬和春末，水温为 15℃～25℃时，因小瓜虫寄生或侵入鱼体而致，肉眼可见病鱼体表、鳃部有许多小白点即小瓜虫。此病流行广、危害大，密养情况下尤为严重。病鱼游动迟缓，浮于水面，有时集群绕池游动，鱼体消瘦。

（2）防治方法

①放养前必须用生石灰清塘消毒，以杀灭病原；

②合理掌握放养密度，放养时进行鱼体消毒，防止小瓜虫传播；

③放养后，发病时采用亚甲基蓝全池泼洒，效果甚佳；

④也可用90％的晶体"敌百虫"全池泼洒；

⑤不可用硫酸铜与硫酸亚铁合剂，因其对小瓜虫无效，且还会加重病情。

3. 斜管虫病

（1）病因

流行于初冬或春季，因斜管虫寄生于鱼鳃及皮肤上而致病。病灶处呈苍白色，病鱼消瘦发黑，呼吸困难，漂游水面。此病危害极大，能在 3～5 天使鱼大量死亡。

（2）防治方法

①用浓度为 3％的食盐水或用 0.8 克/米³ 硫酸铜浸浴病鱼 10～30 分钟；

②用 0.7 克/米³ 的硫酸铜和硫酸亚铁按 5：2 配合全田泼洒；或用 0.7 克/米³ 硫酸铜全田泼洒；

③保持水温在 20℃以上，以减少患病。

4. 车轮虫病

（1）病因

流行于初春、初夏和越冬期，因车轮虫寄生于皮肤、鳍和鳃等与水接触的组织表面。病鱼体色发黑，摄食不良，体质瘦弱，游动缓慢。有时可见体表微发白或瘀血，鳃黏液分泌多，表皮组织增生，鳃丝肿胀，呼吸困难，最终窒息而亡。

（2）防治方法

①定期检查，掌握病情，及时治疗。

②用 0.7 克/米³ 的硫酸铜与硫酸亚铁按 5：2 合剂全池泼洒，情况严重的可连用 2～3 次。

5. 指环虫病

（1）病因

多发于夏、秋季及越冬期，流行普遍。指环虫以锚钩和边缘小钩钩住鳃丝不断运动，造成鳃组织损伤。病鱼鳃部多黏液，鳃丝肿胀，体色发黑，不摄食。此病往往与车轮虫病并发，严重时可使大批鱼死亡。

（2）防治方法

用 0.3 克/米³ 的晶体"敌百虫"全池泼洒，每天 1 次，连续 2 天。

6. 细菌性赤皮病

（1）病因

主要发生于越冬期，荧光极毛杆菌入侵鱼体，病灶周围鳞片松动，充血发炎，体表溃烂，主要在背鳍两侧、鳃盖中部色素消退。

（2）防治方法

捕捞、运输中小心操作，以防机械性损伤；发病前宜用食盐或漂白粉浸洗消毒；发病时以每立方米水体用含氯量30％的漂白粉1克全池泼洒。

7. 非寄生性疾病

（1）病因

一是长期投喂低蛋白、高脂肪、高糖类和缺少维生素的饵料，造成鱼类脂肪大量贮积，破坏肝功能，导致正常生理代谢失调；

二是投喂变质或霉菌污染的饲料，造成鱼体肝脏与肾脏脂肪变性；

三是养殖密度过大，换水不足或久不换水，使池中亚硝酸浓度上升，导致鱼体抗病力降低乃至中毒，被细菌感染致病。

（2）防治方法：

鱼池常换新鲜水，防止过量投饵或过密养殖；

发病时可用土霉素，按每50千克饲料中加入土霉素50克连续投喂1周。

8. 草鱼出血病

草鱼出血病是草鱼、青鱼在鱼种饲养阶段危害最严重的一种淡水鱼类病毒病。

（1）病原

草鱼出血病病毒属呼肠孤病毒科。病毒复制部位在细胞浆，能形成晶格状排列，最适复制温度为25℃～30℃，其生长温度范围是20℃～35℃。尚未发现在非鲤科鱼类细胞株中增殖。在浙江地区患出血病的草鱼中还分离到一种小病毒颗粒，大小为20～30纳米，六角形，为单股核糖核酸病毒，无囊膜，经初步鉴别，属小核糖核酸病毒科。

（2）流行情况

草鱼出血病是鱼种培育阶段一种流行地区广泛、流行季节长、发病率高、死亡率高、危害性大的病毒性鱼病。主要危害全长2.5～15厘米的草鱼鱼种及1足龄的青鱼，有时2足龄以上的大草鱼也患病。水温在20℃～33℃时发生流行，最适流行水温为27℃～30℃；但当水质恶化，水中溶氧低，透明度低，水中总氮、有机氮、亚硝酸态氮和有机物耗氧量高，水温变化大，鱼体抵抗力低下，病毒的数量多及毒力强时，则在水温 12℃ 及 34.5℃ 时也有发病。此病在湖北、湖南、广东、广西、江西、福建、江苏、浙江、安徽、上海、四川、重庆等主要淡水鱼类养殖省、市、自治区都有流行。该病可通过被污染的水、食物等进行水平传播，也可通过卵进行垂直传播。

人工感染健康草鱼鱼种，从感染到发病死亡，需 4～15 天，一般是 7～10 天。病程分潜伏期、前趋期和充分发展期三个阶段。

①潜伏期　从病毒侵入鱼体到出现症状以前的一段时间叫潜伏期。草鱼出血病的潜伏期为 3～10 天。在此期间内，鱼的外表无任何症状，活动与摄食均正常。潜伏期的长短与水温、病毒的毒力和侵入鱼体的数量、鱼体的抵抗力、水环境等有密切关系。如水温高（在该病的流行温度范围内）、病毒的毒力强、侵入鱼体的病毒数量多、鱼体的抵抗力低、水环境差，潜伏期就短；反之，则潜伏期长。检疫隔离期的长短是根据潜伏期的长短而定的。

②前趋期　这一时期的特征是病鱼已开始出现症状，但不够明显，出现的症状也还不是这种病所特有的。草鱼出血病的前趋期，一般为 1～2 天，此时病鱼的体色发暗变黑、离群独游、摄食减少或停止。

③充分发展期　出现这种病的典型症状，病鱼有了明显的机能、代谢或形态的改变，亦为疾病的高潮期。草鱼出血病的充分发展期时间长短不一，一般为 1～2 天，此期病鱼表现充血、出血等典型症状而死亡。

（3）治疗方法

目前尚无理想治疗方法，主要是做好预防工作。

①清除池底过多淤泥，并用生石灰进行彻底清塘，条件允许时可干塘曝晒半个月为佳。

②鱼种在放养时要用 10 克/米³ 的聚维酮碘溶液浸泡 6～8 分钟，放养密度控制在 800 尾/亩以下为宜。

③加强饲养管理，定期加注新水，保证池水透明度大于 30 厘米，保持优良水质，投喂营养丰富的全价配合饲料，提高鱼体抗病能力，在饲养期间，每月施用生石灰一次，用量为每立方水体 20 克，维持 pH 值在 7 以上。

④用出血病组织浆灭活疫苗或细胞培养灭活疫苗注射或浸浴鱼体，使鱼获得免疫力。

⑤发病期间：全池均匀泼洒强氯精连续 3 天，每天 1 次，每立方水体用药 0.4～0.5 克；内服：每 100 千克鱼每天用 0.5 千克大黄、黄芩、黄柏、

板蓝根等中草药及 0.5 千克食盐拌饲投喂 5～7 天。

　　⑥严格执行检疫制度，禁止将带有病毒的鱼苗、鱼种输出及运入。

　　⑦给鱼种注射灭活疫苗可产生较强的免疫力，对出血病的免疫力至少可维持 14 个月以上。每万尾鱼种用大黄或枫树叶 0.25～0.5 千克，研成粉末，经煎煮或用热开水浸泡过夜，与饵料混合投喂，连服 5 天，接着再全池遍洒敌菌灵，每立方米水用药 0.6 克；或每立方米水体用硫酸铜 0.7 克，连续施药两天，每天一次，作为一个疗程。看情况可连用两个疗程，有一定疗效。

第六章　多熟制稻田生态种养模式

一、稻-油-鳖生态种养模式

中华鳖，俗称甲鱼、水鱼，因其含有丰富的人体必需氨基酸、脂肪酸以及维生素，具有极高的营养价值和药用价值，是国人心中一种不可多得的高档滋补珍品，一直受到人们的追捧。

20世纪80年代以后，随着集约化、规模化控温养鳖技术的普及，中华鳖产量得到大幅提升，走上了寻常百姓家的餐桌。然而由于片面追求产量而忽视了科学的养殖管理，引发了养殖水体恶化、疾病频发、营养价值低下以及一定程度的药残留等一系列问题，致使养殖效益低下甚至亏损成为常态。

稻-油-鳖养殖模式是根据水稻和油菜的生态特征、生物学特性以及中华鳖的生活习性设计而成的一种生态立体养殖模式。稻-油轮作既为中华鳖提供了生长必需的水环境，又防止了中华鳖冬眠期耕地闲置，可以做到"一水两用，一地三收"，充分提高了土地的综合产出效益，是增加农民收入的好方法。以下详细介绍稻—油—鳖种养技术，供养殖者参考。

（一）稻田设施改造

1. 稻田选择与作垄施肥

根据中华鳖的生活习性，稻田要求选择水源充沛、排灌方便、保水性强、黏性土质的稻田。首先将稻田分割成若干个方形地块，大小根据各地区情况而定，平原地区每块面积近3亩为宜，丘陵地区则较小。

插秧前15～20天，在每亩稻田和鱼沟中均匀施加腐熟的牛粪、猪粪或绿肥等500千克，然后利用机械或者人工将稻田改造成宽60厘米、高25～35厘米的梯形垄，到插秧前2～3天再整理一次。作垄时，田内灌水不能过深，但也不能把水全部放光。垄向依照水流方向和风向确定，正冲田和低台田垄向应顺水流方向，以利排洪和灌溉；挡风口田垄向垂直于风向，以防倒伏。

2. 开挖田间沟

作垄结束后，沿着稻田田埂内侧四周开挖供中华鳖活动、觅食以及避暑防寒的"田"字形鳖沟，根据稻田大小，鳖沟也可挖成"井"、"十"等形状，鳖沟的面积占稻田总面积的 $10\% \sim 20\%$（沟宽 1.5 米、深 0.5 米），并在稻田四个拐角处和稻田中间各开挖一个 $3 \sim 5$ 米长、$2 \sim 3$ 米宽、1.2 米深的鳖溜。另外在鳖沟上修建几条宽 3 米左右的机耕通道，方便以后机械生产，鳖沟由管涵连接（图 6-1）。利用挖沟的泥土加宽、加高、夯实田埂，确保田埂的保水和防逃能力。一般改造后的田埂，高度高出稻田平面 0.5 米以上，湖区低洼田的田埂应高出稻田 0.8 米以上，埂面宽 1.5 米，池堤坡度比为 $1 : 1.5 \sim 1 : 2$，如图 6-1 所示。

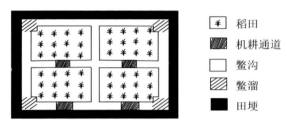

稻田
机耕通道
鳖沟
鳖溜
田埂

图 6-1　养鳖稻田示意图

3. 建造防逃设施

为防止中华鳖外逃和敌害进入稻田，利用石棉瓦建造防逃隔离带，具体操作为：将石棉瓦埋入田埂泥土中 20 厘米，露出地面 50 厘米以上，然后用木桩在每隔 100 厘米处固定。为防止中华鳖沿夹角爬出外逃，稻田四角转弯处的防逃隔离带要做成弧形。鳖沟剖面图如图 6-2 所示。

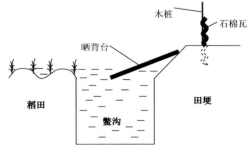

木桩
石棉瓦
晒背台
稻田
田埂
鳖沟

图 6-2　鳖沟剖面图

4. 改造进、排水系统

进、排水系统应建在田外，不能在稻田中串联。综合考虑环沟的特点，将进水口和排水口进行对角设置。进水口建在田埂上，排水口建在沟渠最低处，进、排水口的大小应根据田的大小和下暴雨时进水量的大小而定。一般进水口宽为30～50厘米，排水口为50～80厘米。为防止鳖外逃，进、排水口用铁条网封住。

5. 晒背台、饵料台以及产卵台建设

中华鳖有晒太阳的习性，故在鱼沟中每隔10米左右设置一个晒背台，饵料台和晒背台合二为一（材质为糙面石棉瓦）。台宽0.6～0.8米、长1.7～2米，晒台一端在埂上，另一端没入水中15厘米左右。田中央用土建一个长5米、宽1米的产卵台，台坡度比为1：2，台中间铺放30厘米厚的沙子，如图6-3所示。

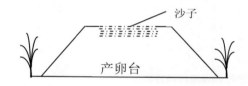

图6-3　产卵台剖面图

图6-4　稻田养殖甲鱼田边用水泥砖加高加固，
田角水泥墙加盖石棉瓦防甲鱼逃逸

图6-5　稻田养殖甲鱼，田边设置的简易食台和甲鱼晒背台

（二）作物种植与鳖种放养

1. 鳖沟消毒

在中华鳖苗种放养前10～15天，为杀灭鳖沟内敌害生物和致病菌，预防疾病发生，每亩鳖沟面积用生石灰100千克带水进行消毒。

2. 移栽水草及建造荫棚

夏热冬寒，稻田水温变化很大，虽有鱼沟，对中华鳖的正常生活仍有一定影响，因此，应在晒背台处搭设若干个荫棚，并在鳖沟消毒3～6天后，向沟内移栽水葫芦、水浮莲等水生植物，栽植面积占鳖沟面积的20％～30％，为中华鳖提供遮阴躲避的场所以及净化水质。

图6-6　利用田边自然沟渠设立越冬越夏场所

图6－7　在稻田一角开挖小型鱼池，设立遮阳网为越夏场所，并与田边自然沟渠设立的越冬越夏场所相连通

3. 稻秧、油菜移栽

插秧时间在5月中旬，秧苗移栽在垄坡上，行距约为17厘米，株距约为10厘米。稻种选择为抗病害、抗倒伏、耐肥性强的一季稻。

9月初至10月上旬水稻收割结束后，进行二次施肥，每亩田地均匀施加腐熟的牛粪、猪粪等500千克。10月中旬，选择综合抗性较强的油菜品种进行苗种移栽。

4. 鳖种放养

中华鳖苗种投放在5月下旬或6月初的晴天进行，这时秧苗已经返青，根系发育完好，即便中华鳖在泥中穿行也不会伤害稻株。如果以育种繁殖为主，一般每亩稻田可放养亲鳖60只（雌：雄＝4：1）；如果放养商品鳖，每亩稻田可放养统一规格为250克左右的中华鳖80～100只。要求选择体格健壮、健康无伤病、活动力强的苗种入田，并且在放养前苗种用3‰食盐水浸泡8分钟。

中华鳖雌雄鉴别方法：雌鳖尾短而软，裙边较宽，尾端不能自然伸出裙边外，而雄鳖则相反；雌性背甲为较圆的椭圆形，中部较平，而雄性则为较长的椭圆形，中部隆起。

（三）日常管理

1. 饵料投喂

中华鳖为偏肉食性的杂食性动物，人工投喂的饵料为收购的野杂鱼、切碎的鱼肉或者河蚌肉等。投喂方法严格遵守四定原则（定点、定时、定量、定质），每天投喂 2 次，投喂时间分别在上午 9～10 时、下午 4～5 时投喂。具体投喂量视当天的天气、水温、活饵（田间杂鱼、螺蛳等）等情况而定，一般以 1.5 小时左右吃完为宜，水温低于 18℃停止投喂饵料。为了提高中华鳖的品质和节省饲料成本，可在稻田内预先投放一些田螺、鱼虾类供鳖食用。

2. 水位控制与水质调控

5 月中旬，为了方便耕作和插秧，插秧时将水位适当提高至 30～35 厘米，即水位恰好没过田垄；投放苗种后，根据不同生长期水稻对水位的不同要求和鳖的生长需求，适当逐步地增减水位。每隔 10 天用生石灰水泼洒鳖沟一次，并定期加注新水，保证 15～20 天换水一次，以保持水中的溶氧。

3. 科学晒田与追肥

在水稻生长中期，需要进行晒田。采取轻晒的办法：将水位降至田面露出水面，使田块中间不陷脚，田边表土不裂缝和发白，以见水稻浮根泛白为适度。晒田结束之后，立即将水位提高到原水位。需要注意的是，晒田前要清理鳖沟，并调换新水，以保证鳖沟通畅，水质清新。

中华鳖的粪便及残饵虽有一定的肥田作用，但为保证田间养料充分，种养期间需进行适量追肥。方法为每 15 天施肥一次，每次每亩施 10 千克腐熟的农家粪肥于鳖沟、鳖溜中，保持田水呈黄绿色。

4. 农作物和中华鳖病害防治

坚持"预防为主，防治结合"的原则。稻田中的病害一般由昆虫引起，而中华鳖以稻田间昆虫、飞蛾等为食，故田间虫害较少，一般可不施农药；如果病害较严重，可以喷洒高效低毒农药进行防治。为防止中华鳖农药中毒，可先将其诱至鳖溜中暂养，施药 2～3 天后方可结束暂养。

由于中华鳖养殖密度低，环境优良，一般很少发病。但是根据"预防为主"原则，应定期进行鳖沟消毒，每天清洗饵料台。为防止中华鳖肠炎病发生和增强体质，每 10 天用每 20 千克饲料添加大蒜素 50 克拌后投喂，或者将中草药铁苋菜、马齿苋、地锦草等拌入饲料中投喂。疾病频发季节，每 5 天用生石灰水泼洒鳖沟一次，每 10 天换水一次。如若发现有病鳖死鳖应及时捕捞上岸进行处理。

5. 越冬管理

水温在 12℃以下，进行越冬前和越冬期管理。在中华鳖进入冬眠期前，进行鳖沟、鳖溜消毒处理，每亩鳖沟、鳖溜面积用生石灰 100 千克带水进行消毒，然后将中华鳖集中在鳖溜中冬眠。越冬期间，鳖溜水位保持在 1 米以上，用草帘铺设在鱼沟上，并在池底铺设 20 厘米厚的泥沙，方便中华鳖钻入泥沙中越冬；定期进行水体消毒和加注新水，保证每次加注新水量不高于 10%，水温温差不超 3℃，以防中华鳖发病。

若有新生稚鳖，当气温降至 15℃左右时，就应该将稚鳖移入室内越冬池越冬，以便提高稚鳖的存活率。越冬池水深 1 米以上，池底铺设 20 厘米的泥沙，越冬期间注意保温防冻。

6. 鳖捕捞

如养殖商品鳖，9 月中旬以后，需将商品鳖捕捞上市。鳖的收获主要采用干池法，即将鳖沟中的水排干，等到夜间鳖沟里的鳖自动爬上淤泥，然后用灯光照捕。

7. 注意事项

平时要经常检查修复防逃设施并及时堵漏，严防敌害进入田间伤害中华鳖。同时，为杜绝焚烧秸秆导致的安全问题和环境污染，推广秸秆还田栽培技术。在油菜栽种后，将稻草顺油菜行铺盖还田，铺盖的稻草不仅有增温、抑制杂草的作用，而且稻草腐烂后可以为土壤增肥。油菜收获后，将油菜秆、油菜籽壳进行还田，并放水整田。

二、稻-鳅生态种养模式

稻田养殖泥鳅是一种经济效益较高的种养结合生产方式，是农民增产增效的有效途径，一般每亩可收获泥鳅 200～250 千克，增收稻谷 60 千克，现将技术介绍如下：

（一）稻田选择与设施改造

选择水源充足、注排水方便、没有污染源、质地松软肥沃、弱碱性、保水性强的稻田养殖为好。每单元面积 5～10 亩，田表面平整，田埂要加高加固夯实至宽 100 厘米、田埂高出水面 60 厘米。田边挖环沟，中央开挖"十"字形鱼沟，沟上宽 150 厘米、深 50 厘米、边坡 45 度。进、排水口呈对角分布。环沟面积占稻田面积的 10% 左右。在埂边最好用塑料薄膜或纱网做防逃设施，膜或网高出田埂面 50 厘米，埋入地下 40 厘米，进、排水口要有拦鱼设施，防止泥鳅钻逃及野杂鱼和污物进入。养殖期间稻田水深保持在 5～10 厘米为宜，特别在大雨时要防止大水漫埂，注意田埂或栅栏周围不能出现漏洞。

图 6-8　养殖泥鳅稻田，整田时于田的四周设置防逃加厚薄膜，田间开好"井"或"丰"字形的宽 50～60 厘米、深 40 厘米的大沟

图 6-9　"稻鳅"种养耦合模式，大田芽谷直播

图 6-10　沿田的四周开垂直深沟，沟深 40～50 厘米，嵌入加厚薄膜以防泥鳅逃跑

（二）泥鳅苗种放养

1. 放养前的准备工作

2 月下旬在稻田灌水前，每亩用生石灰 75～100 千克均匀泼洒，进行清

整消毒。亩施发酵过的猪粪 1000 千克，进水经过滤入田，沟内水深 30～40 厘米，培肥水体，水的透明度为 25 厘米左右。

2. 放养数量和方法

秧苗返青后即可开始放养，亩放 3～5 克/尾规格的鳅苗 2 万～2.5 万尾，共 70～85 千克，放养时要选择无病无伤、规格大小一致的泥鳅种。放养前需用 2％～4％浓度的食盐水浸种 10～15 分钟，或 15 毫克/千克漂白粉溶液浸浴 20～30 分钟，以充分杀死泥鳅种苗身上的寄生虫。

图 6－11　直播田水稻直播 25 天后放养泥鳅苗

（三）饵料投喂

由于田中泥鳅的密度较高，应投喂人工饲料，如豆饼、蚕蛹粉、蝇蛆、蚯蚓、螺、蚌、屠宰场下脚料、米糠、豆渣、菜籽饼、麸皮等，以补充天然饵料的不足，人工配合饲料的成分：鱼粉 20％、蚕蛹粉 10％、肉骨粉 10％、豆饼 16％、菜粕 20％、麸皮 20％、鱼用无机盐 0.5％、添加剂 3.5％。7～8 月是泥鳅生长的旺季，日投饵 2 次，投饵率为鱼总重量的 3％～5％。9～10 月份以植物性饲料如麸皮、米糠等为主，一般每天上、下午各投喂 1 次，投喂量为泥鳅总重量的 2％～4％。早春和秋末 2％左右。具体根据泥鳅取食情况灵活掌握，一般每次投饵后，1～2 小时内基本吃完为宜。第 1 周内不必投放饲料，1 周后每天傍晚投喂 1 次鱼用配合饲料。每次投饵量，前期投饵量以 3 小时吃完为宜，中期投饵量以 2 小时吃完为宜，后期投饵量以 1 小时吃完为宜。并根据吃食情况增减，阴天和气压低的天气应减少投饵量。

(四) 日常管理

1. 水体更换和水质调节

养殖前期，稻田水深应保持在7～12厘米，在水稻拔节之前露田（轻微晒田）1次，以水稻拔节开始至乳熟期，稻田水深应保持在6厘米，以后灌水与露田交替进行，经常更换新水，注意检查泥鳅吃食情况和生长发育状况。在日常巡查中，如发现泥鳅浮头、受惊或日出后仍不下沉，应立即换水。

2. 饵料管理

稻田养殖泥鳅要想取得高产，除施底肥和追肥外，还应每天进行投饵。前期投饵量为鱼体重的1%～1.5%，中期投饵量为鱼体重的3%，后期投饵量为鱼体重的3%～5%。主要投喂植物性饵料，如麦麸、米糠等。投饵一般在傍晚进行，一次投足。阴天和气压低的天气应减少投饵量。

3. 田间管理

要经常检查田埂和进排水防逃设施，以防泥鳅逃跑。严格控制稻田化肥用量，基肥应占总施肥量的70%～80%，追肥占20%～30%，用量过大，会影响水质，引起泥鳅死亡。

图6-12 水稻养殖田设置纤维绳、反光光盘防止白鹭捕食

及时驱捕敌害，如老鼠、青蛙等。放养泥鳅的稻田，要做到专人负责管理。给水稻治虫时选用高效低毒农药，可按常规用药量施用，应做到喷施农药时采用灌深水，喷嘴朝上的施药方法。由于泥鳅栖息于泥中，一般来说，养殖泥鳅的稻田采取上述方法施用农药、化肥比稻田养殖其他鱼要安全得多，但必须禁止使用毒杀芬、呋喃丹以及生石灰、茶子饼等。高温季节，田内适当加灌深水，调节水温，避免泥鳅烫死。平时，要经常检查修复拦鱼设施和及时堵漏洞，严防家禽下田吞食泥鳅。

（五）稻鳅病虫害防治

随着近年泥鳅养殖技术的成熟，放养密度日趋增大，泥鳅病害时有发生，且一旦发生病害，死亡率较高。通常病害防治要本着"重在防治，有病早治"的原则，平时加强水质管理及投喂管理。

1. 水稻病虫害的防治

由于稻田养鱼具有除草保肥、灭虫增肥作用，水稻病虫害发生率也较低。如果水稻生长期内必须防治病虫害时，必须使用高效低毒低残留的生物农药，用药前将鱼全部赶到鱼溜，灌满田水，稻田的一半先用药，剩余的一半隔天再用药，让泥鳅在田间有较多的躲避场所。粉剂宜在早晨露水未干时喷施，水剂在露水干后使用。施药时喷嘴要斜向稻叶或朝上，尽量将药喷在稻叶上。下雨前不要施农药。次日再将鱼溜水换掉 1/3～2/3。严禁含有甲胺磷、毒杀酚、呋喃丹、五氯酚钠等剧毒农药的水流入稻田。

2. 泥鳅主要病害的防治

（1）水霉病：此病常侵害鳅卵和鳅鱼。鳅卵患此病，可用 50 毫克/升的水霉净溶液浴 10～20 分钟。鳅鱼发生此病，可用 2～3 毫克/升的食盐水溶液浸洗 8～10 分钟。

（2）腐皮病：症状为泥鳅背鳍附近肌肉腐烂，严重时背鳍脱落，鳅体两侧浮肿，并有病斑。可用每毫升含 10～15 毫克的土霉素溶液浸洗 5～10 分钟。

（3）寄生虫病：常见有车轮虫和舌杯虫病等。一旦发生，可在稻田内泼洒 0.7 克/米^3 硫酸铜或硫酸铜与硫酸亚铁合剂。

（六）捕捞上市

泥鳅具有钻入土的习性，收获时捕捞比较困难。因此，在收获时一般采取如下方法。

1. 干塘捕捞

这是一种捕捞较彻底的方法，多在年终收获时实行。先将池水抽干，在池底挖 1～2 个集鱼坑或排水沟，池水抽干后，泥鳅大部分便集中在集鱼坑或排水沟中，然后用手网捕捉。尚有少数泥鳅仍钻入池泥内，要发动人逐块检查捕捉。

2. 注水诱捕

泥鳅具有溯水逃逸的习性。捕捉时，在注水口附近的集鱼坑内铺设网片，然后，从进水口缓慢注水，在新鲜水流下，泥鳅经常聚集在注水口附近，并落在集鱼坑内，定时缓慢地抬起网片，捕捉泥鳅。

3. 香饵诱捕

泥鳅喜摄食带有香味饲料。捕捞时，将炒米糠、玉米鱼粉混合料、炒黄豆粉、花生麸（豆麸）粉等具有浓郁香味的饲粉放在鳅笼或网袋内进行诱捕，可捕到池中部分泥鳅。

4. 暂养

泥鳅捕捞后，最好放在流动的河水中暂养 1～2 天，以便排去鱼粪，恢复体力，适应远途运输并消除泥土味，提高食用价值。在河水中暂养，因河水含氧量高，可适当密养。若不靠近河流，可用水泥池微流水暂养，并安装增氧泵，防止缺氧浮头。在暂养期间，要加强值班巡视，防止水蛇、食鱼鸟钻入网箱捕食泥鳅。

三、稻-油-蟹生态种养模式

河蟹，学名中华绒螯蟹，原产于崇明岛地区，每年入冬时节，性成熟的亲蟹洄游至崇明岛附近水域进行交配繁殖。由于蟹苗的人工培育和放流增殖，中华绒螯蟹已在我国广泛分布，其中以长江水系产量最大，阳澄湖大闸蟹口味最为鲜美。

作为我国一种名贵经济水产品，稻田养殖河蟹已被水稻种植区农户的普遍认可，资料显示，稻田养蟹改变了稻田种植区的农业经济结构，大大提升了水稻种植区的经济效益和生态效益。现将稻-油-蟹种养技术介绍如下，供广大水稻种植区农户参考。

（一）稻田设施改造

1. 稻田选择与作垄施肥

选择水源充沛、水质良好、排灌方便、保水性强、黏性土质的稻田。稻田面积以 3～5 亩为宜。

如前述，插秧前 15～20 天，稻田需要均匀施加腐熟的基肥，如牛粪、猪粪和稻草等，然后利用机械或者人工将稻田改造成宽60厘米、高45厘米的梯形田垄，到插秧前2～3天再整理一次。垄向依照水流方向和风向确定，正冲田和低台田垄向应顺水流方向，以利排洪和灌溉；挡风口田垄向垂直于风向，以防倒伏。

2. 开挖田间沟

作垄结束后，沿着稻田田埂内侧50厘米处开挖"田"字形蟹沟供河蟹活动、觅食以及避暑防寒，沟宽1.5米、深0.8～1米，面积占稻田总面积的20%左右，蟹沟也可分为"口"、"十"、"井"等形状，具体沟形应根据稻田大小而定。然后在稻田四角各开挖一个3～5米长、2～3米宽、1.2米深的蟹溜，沟溜形式可参看养鳖稻田。

改造后的田埂高度要求高出稻田平面0.5米以上，湖区低洼田的田埂应高出稻田0.8米以上，埂面宽1.5米，田埂坡度比为1:2左右。

3. 修建防逃设施

为防止河蟹外逃和敌害进入稻田，稻田必需建造防逃的围栏设施，而且河蟹喜掘穴而居，容易破坏田埂，应在田埂内侧用表面光滑的瓷砖、厚实的塑料膜、石棉瓦、砖墙等材料防护。

图6-13 稻田养蟹田边设置防逃膜（板）

除此，田埂上也需利用尼龙网防护，要求在内侧表面衬一层薄膜，以防河蟹攀爬逃逸，并要求尼龙网掩埋田埂地面下20～30厘米，露出地面50厘米。进水口和排水口应对角设置，进水口建在田埂上，并用铁条网封住。

4. 搭设饵料台

建造饵料台以方便投喂和日常管理，方法为：在四个蟹溜中各放置一块长宽各2米的木板作为饵料台，并且用竹竿将木板四角固定，确保饵料台固定在水面下 20 厘米处，如图 6 - 14 所示。

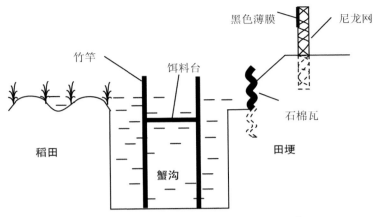

图 6 - 14 食台和防逃设施修建示意图

（二）作物种植与蟹种放养

1. 蟹沟、蟹溜消毒

在河蟹种放养前 10～15 天，参照前述的用量，用生石灰水对蟹沟、蟹溜消毒，以杀灭水体内敌害生物和致病菌，预防疾病发生。

2. 移栽水草

稻田水体小，水温变化大，对河蟹的正常栖息生长有一定影响，因此，应在蟹沟消毒 3～6 天后，向沟内移栽水花生、轮叶黑藻等水生植物，栽植面积占蟹沟面积的 30%～40%。水草除了作为河蟹的饵料外，还可以为河蟹提供蜕壳、避暑防寒的场所以及净化水质。

3. 稻秧、油菜移栽

插秧在 5 月中旬，秧苗移栽在垄坡上，行距约为 17 厘米，株距约为 10 厘米。稻种选择抗病害、抗倒伏、耐肥性强的中季稻。9 月初，水稻收割结束后，进行二次施肥，每亩田地均匀施加腐熟的牛粪、猪粪和稻草等 500 千克。10 月中旬，选择综合抗性较强的油菜品种进行苗种移栽。

4. 蟹种放养

稻田养蟹一般只进行成品蟹生产，每亩稻田可放养统一规格为 100～200 只/千克的扣蟹 10 千克。要求选择体格健壮、健康无伤病、活动力强的蟹种，放养前蟹种用 3%～5% 食盐水浸泡 5 分钟。由于放养的蟹种规格较小，对水稻秧苗无破坏能力，蟹种投放可以在插秧结束后 2～3 天进行。蟹苗放养时要做到"三起三落"：即先放到田水中浸半分钟左右，捞上沥干一分钟，这是第一个起落；再重复做第二个起落、第三个起落。

图 6 - 15　早春利用田间自然沟渠进行蟹苗寄养

（三）日常管理

1. 饵料投喂

河蟹以水生植物、底栖动物、有机碎屑及动物尸体为食。人工养殖的河蟹喜食投喂的小杂鱼和螺蚌肉等。河蟹昼伏夜出，白天多隐藏在石砾、水草丛中，傍晚出来活动、觅食，故在人工稻田养殖时需驯化为白天摄食。训食方法为：饲养开始阶段，在傍晚将饵料投放在饵料台上进行投喂，以后再将投喂时间慢慢提前至上午 9～10 时、下午 4～5 时。

投喂方法严格遵守四定原则（定点、定时、定量、定质），具体日投喂量视当天的天气、水温、活饵（田间杂鱼、螺蛳、水草等）等情况而定，一般以 2 小时左右吃完为宜。在河蟹生长旺季，应增加饲料投入量，并合理搭配粗纤维和蛋白质以及在饲料中掺入人工合成脱壳素，以防止脱壳不遂病的发生。饲养过程中投放螺蛳供河蟹摄食可提高河蟹品质和降低饲料成本。

投喂还应注意：天气晴好多投，高温闷热、连续阴雨天或水质过浓则少投；大批蟹蜕壳时少投，蜕壳后多投；根据情况，可适量增加轮叶黑藻的量。

2. 水位控制与水质调控

5 月中旬，为了方便耕作和插秧，插秧时将水位适当提高至 30～35 厘米，即水位恰好没过田垄；投放苗种后，根据不同生长期水稻对水位的不同要求和河蟹的生长需求，相应增减水位。每隔 10 天用生石灰水泼洒蟹沟一次，并定期加注新水。

3. 科学晒田与追肥

在水稻生长中期，需要进行晒田，将水位降至田面露出水面，以见水稻浮根泛白为适度。晒田结束之后，立即将水位提高到原水位。为确保河蟹能有正常的生长条件，种养期间需进行适量追肥来培养沟内水草、浮游生物等天然饵料。方法为每 15 天施肥一次，每次每亩施 10 千克腐熟的农家粪肥于环形沟中，保持田水呈黄绿色，透明度 35 厘米为宜。

4. 农作物病害防治

稻田中河蟹可以摄食昆虫及虫卵，因此田间水稻虫害一般较少，通常可不施农药，如果病害特别严重的，每亩可用 5％啶虫脒 10～20 克加水 50～70 千克喷雾以杀灭稻飞虱、叶蝉或者喷施生物农药 BT，可有效杀灭水稻纵卷叶螟，同时又对河蟹无毒害作用。

施药时，可在药液中加入黏附剂，并将喷嘴贴近水稻且朝上，以让药液尽量喷在稻叶上。如果有条件，在施药的同时，让稻田内保持微流水，从而不断稀释落入水中药液的浓度，减小毒性。

5. 河蟹病害防治

河蟹的病害防治应严格遵循"预防为主，防治结合"原则。河蟹的常发疾病有黑鳃病、烂鳃病、肠炎病等，平时要坚持巡田，观察养殖蟹的生长和活动情况，发现疾病及时采取措施治疗，河蟹常见病的诊断和治疗可参考以下方法。

黑鳃病、烂鳃病：病蟹鳃丝发黑，局部霉烂。可按照 2 克/米³ 用量的漂白粉全田泼洒，可以起到较好的治疗效果。

肠炎病：病蟹肛门肿胀，活动力弱。用大黄、板蓝根等掺入饵料投喂，如果不吃食，可用大蒜素、三黄粉全田泼洒。

由于稻田放养河蟹密度低，经常清除残饵、污物，清洗消毒饵料台，定期加注新水，保持良好水质，河蟹一般很少发病。

6. 越冬管理

一般当年养殖的河蟹在 9 月底就可陆续上市，但如果放养规格偏小的当年蟹苗，年内达不到上市规格，仍需留在稻田内越冬。当水温降至 10℃时，河蟹摄食减少、活动力减弱；水温降至 6℃以下时，河蟹就会钻到洞穴里面去，停止活动，即进入冬眠。

越冬前，水沟中增加种植水花生，覆盖面积约占水面的 2/3，并在池底用红砖支起石棉瓦作为洞穴，石棉瓦覆盖面积约占沟底的 1/3，保持水深在 0.8～1.0 米。除此之外，当水温在 10℃ 以上时，适当多投饵料以让河蟹积累足够能量越冬。越冬期间，要求定期消毒、加注新水，每隔 10～15 天换水一次。每次换水温差不要超过 3℃，以防河蟹感冒致病。

7. 注意事项

勤巡田，检查河蟹摄食生长情况以及防逃设施，严禁家禽及其他敌害进入田间吞食河蟹。稻田施药后，勤观察河蟹活动情况，一旦发现稻田中河蟹出现迟钝、昏迷等中毒现象，应立即采取加注新水、排除老水以及泼洒水质解毒剂等急救措施。

（四）河蟹捕捞

9 月中旬开始陆续捕捞达到商品规格的河蟹，未达到规格的河蟹可继续留在田中养殖。捕捞的方法通常采用效果较好的地笼网捕捞，在傍晚将蟹笼或地笼网置于蟹沟内，隔天清晨起笼收蟹。

四、稻-油-蛙生态种养模式

蛙俗称田鸡、青鸡，在我国分布很广，除荒漠及北部草原外，几乎遍及我国各地，尤以长江流域分布为最。蛙又是集食品、保健品、药用品于一身的药用动物，蛙肉性凉，味甘，具有清热解毒、消肿止痛、补肾益精、养肺滋肾之功效。从蛙皮提炼出的药物"几乎是无限的"，具有很高的经济价值。

近几年，随着市场对蛙的需求量日益增加，养蛙业发展迅速。根据国家大力发展生态农业的政策，我国大部分地区已经开始稻田养蛙。稻田是蛙类的天然栖息场所，适于蛙的生活和生长。同时，蛙喜食昆虫、飞蛾等农作物害虫，在稻田中养殖蛙类，既可以减少水稻的病虫害，减少施药，降低成本，又能生产绿色稻谷，进而增加农民收入。稻田养殖的蛙品种一般选择体形大、抗病力强、生长快的青蛙、虎纹蛙、牛蛙、美国青蛙、林蛙等。

（一）稻田设施改造

1. 稻田选择与作垄施肥的要求与细则

内容参照稻田养鳖

图 6 - 16　稻蛙耦合生态种养模式大田

2. 开挖田间沟

因蛙类属两栖动物，稻田中的水环境与蛙类天然的生活环境很相似，所以沿着稻田田埂内侧四周开挖一条环形蛙沟就足够蛙类生活所需，蛙沟规格与要求参照稻田养鳖。稻田改造如图 6 - 17 所示。

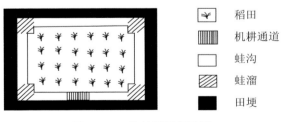

　　　　　　　　　　　　　　　✔ 稻田

　　　　　　　　　　　　　　　▥ 机耕通道

　　　　　　　　　　　　　　　☐ 蛙沟

　　　　　　　　　　　　　　　▨ 蛙溜

　　　　　　　　　　　　　　　■ 田埂

图 6 - 17　养蛙稻田示意图

3. 修建防逃设施与进、排水系统

蛙类有跳跃的习性，为防止其跳出稻田逃逸，可利用尼龙纱网建造防逃隔离带，可将尼龙纱网埋入田埂泥土中 20 厘米，地面上纱网高 1～1.2

米，然后用竹竿在每隔 1.5 米处固定。防逃网内应留出 1 米宽埂面，供养殖蚯蚓、蝇蛆等活饵料动物。另外，再用 1 米高的黑色塑料薄膜覆盖住纱网内侧，以防蛙跳跃撞到纱网上而擦破表皮感染病菌。

进、排水系统的修建方法详见稻田养鳖。

图 6 - 18　大田周围设置 1.2 米高的围网

4. 饵料台建设

为了确保饵料定点投喂以及方便收集残饵，需建造饵料台。可在四个蛙溜中各放置一块长 2 米、宽 1 米的木板作为饵料台，并且在木板两端安装塑料泡沫条，确保饵料台浮在水面上，如图 6 - 19 所示。

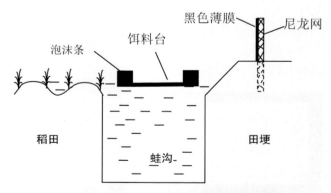

图 6 - 19　食台与防逃设施建造示意图

（二）作物种植与蛙种放养

1. 作物种植技术及前期准备工作

与稻田养鳖相同。

2. 蛙种放养

为防止蛙种伤害稻株生长，蛙种投放选择在插秧结束后 10～15 天进行。稻田养蛙因生长时间有限，一般都采取成蛙养殖模式，因此养殖牛蛙一般都是放养幼蛙而不是蝌蚪或种蛙，放养密度以每亩 1000～1500 只为宜；养殖青蛙可直接放养当年繁殖的蝌蚪或幼蛙，放养密度为每亩 1500～2000 只为宜。要求选择体格健壮、健康无伤病、活动力强的幼蛙入田，放养前幼蛙需用 2‰～3‰ 食盐水浸泡 5～10 分钟消毒。

图 6‑20　水稻田间幼蛙的放养

（三）日常管理

1. 训食与饵料投喂

因蛙类看不见静止饵料，自然状态下只能捕食昆虫、水蚤、鱼虾、蚯蚓、蝇蛆等活动性的动物饵料。根据此特性，人工饲养蛙必须经过人工训食才能让其摄食饲料或其他不动饵料。训食方法为：在人工颗粒饲料中拌入活泥鳅，利用泥鳅爬行带动颗粒饲料的滚动，蛙类便误把饲料当做活饵吞入腹中。饵料投喂方法严格遵守四定原则（定点、定时、定量、定质），每天投喂 2 次，投喂时间分别在上午 9～10 时、下午 4～5 时投喂，投喂量一般以 1 小时左右吃完为宜。

为提高蛙的品质和节约饲料成本，可在稻田中安装射灯诱集昆虫供蛙捕食。具体的安装方法为：在田埂四个拐角内侧，各安装一个离地面 20 厘米的射灯，要求为灯光水平射出、四盏灯灯光首尾相接。

此外，还可在田埂防逃网内侧培养活饵料动物，如堆放腐熟的牛粪、作物秸秆培养蚯蚓，利用废弃动物下脚料养殖蝇蛆，或在室内培育黄粉虫等鲜活饵料动物，在养殖规模不大的情况下，可完全依靠这些鲜活饵料和夜间诱捕昆虫供蛙摄食，这种方式更生态更高效。

2. 农作物病害防治

稻田养蛙可大量捕食昆虫，加之夜间利用灯光的诱捕，田间虫害较少，一般可不施农药。如发生严重病害，可采用生物制剂防治，或者采用高效、低毒、低残留、广谱性的农药，减少对蛙的毒性危害。施药前最好将牛蛙诱集在蛙沟蛙溜内进行隔离，待药效消失后，再撤除隔离。

冬眠期间，如果油菜田发生严重病害，才可喷洒高效低毒农药进行防治。同时，施用农药需选择合适的施用方法和时间，施用粉剂宜在早晨有露水时喷洒；水剂、油剂宜在晴天下午4点左右喷洒。下雨前严禁喷药，以免雨水将稻株水的药物冲入水中导致蛙中毒死亡。

3. 牛蛙病害防治

坚持"预防为主，防治结合"的原则进行病害防治。生长季节每20～30天投喂一期药饵，以防止牛蛙肠炎病发生和增强牛蛙体质。为防止水体内病菌大量繁殖使蛙发病，应定期进行蛙沟蛙溜消毒，每天清洗饵料台。

疾病高发季节，每10天用1毫克/升的漂白粉溶液泼洒蛙沟、蛙溜一次，每15天换水一次。如若发现有病蛙、死蛙应及时捕捞上岸进行处理，以防传染。牛蛙常见疾病有红腿病、腐皮病及肠胃炎等，由于稻田牛蛙养殖密度低和良好的日常管理，一般很少发病。

其他蛙类病害防治方法参照牛蛙。

4. 越冬管理

当水温降到12℃以下，养殖蛙便会停食冬眠，这时需进行越冬管理。在进入冬眠期前，用1～2毫克/升的漂白粉溶液泼洒蛙沟或者每亩蛙沟、蛙溜面积用生石灰20千克带水进行消毒，然后将蛙及蝌蚪集中在蛙溜中冬眠。通常情况下，蝌蚪的抗寒能力较强，有条件的话可以控制好蝌蚪的变态，提高其成活率。

蛙的冬眠期一般为11月到翌年3月，喜欢在避风、避光、温暖、湿润的环境中越冬，因此也可根据当地情况，人为创造环境条件供蛙越冬，蛙有挖洞潜伏的习性，可事先在田埂四周填充松土，铺一层软质杂草，供其掘穴冬眠。

越冬期间，蛙溜、蛙沟水位宜保持在0.8米以上，用草帘铺设在蛙溜上，同时池底留有淤泥5～10厘米高，以便潜水蛰伏淤泥越冬，定期加注新水，防止水体冰冻。

5. 成蛙捕捞

成品蛙 9 月开始便需陆续捕捞上市，捕捞一般在夜间进行，用灯光照捕，以减少蛙的应激反应。如果稻田中商品蛙被捕尽或所剩无几，需进行干田处理，为翌年稻田养殖做好准备。

6. 其他日常管理及注意事项。

参照稻田养鳖

五、稻-油-虾生态种养模式

淡水养殖虾品种较多，有青虾、罗氏沼虾、南美白对虾、克氏原螯虾等。本文主要介绍克氏原螯虾的养殖技术。

克氏原螯虾，俗称小龙虾，原产于美国南部和墨西哥北部，20 世纪 20 年代被引入日本，第二次世界大战期间由日本传入我国。因其具有适应力强、繁殖率高等特点，现已分布我国长江中下游及华南、华北等地区，尤其在长江中下游地区较多，成为归化于我国自然水体的一个物种。

近年来，小龙虾以其肉质细嫩、营养丰富等特点深受消费者的青睐，小龙虾在市场的热卖使其市场售价居高不下。另外，又因小龙虾生长快、抗病、耐高温、耐低氧，多种小龙虾人工养殖方式也逐渐兴起。实践证明，稻-油-虾种养模式具有节约成本提高经济效益等诸多优点，成为农民增收致富的好门路，现将稻-油-虾种养技术介绍如下。

（一）稻田设施改造

稻田选择和设施改造的方法与要求同稻田养蟹。

图 6-21　大田田埂加高加固，将田的四周挖成环形围沟。周边开沟宽 2~3 米、深 1.2~1.5 米，坡比 1：（1.5~1.3）

图 6-22　大田周边开沟并加高加固田埂，田的一角留出机耕道方便机械进入

（二）作物种植与虾种放养

放养前准备工作和稻秧、油菜移栽技术均参考养蟹稻田进行。

一般每亩稻田可放养 25～30 只/千克的亲虾 30 千克（雌∶雄＝1.5∶1），投放时间选在 5 月下旬或 6 月初的晴天进行，这时秧苗已经返青，根系发育完好，即便小龙虾在泥中穿行也不会伤害稻株；或放养统一规格为200～250 只/千克的虾苗 30 千克，因其规格较小，对稻株没伤害，苗种投放可在插秧后 2～3 天进行。

雌雄鉴别方法：同龄亲虾雄虾个体比雌虾大；体长相近的亲虾，雄性的大螯比雌性的粗大，且雄性大螯腕节和掌节上的棘突长而明显；雄虾腹部第一游泳肢特化为交合刺，而雌虾第一游泳肢特化为纳精孔。

图 6－23　大田周边围沟灌水后，沟内种植水草、放养浮水植物，养殖沟面积之和占稻田总面积的 15%～20%

图 6－24　田周边围沟外侧用高 40～50 厘米的硬塑料板构建防逃围栏

（三）日常管理

小龙虾与河蟹同属甲壳类水生动物，生物学特性极其相似，故在稻田养殖过程中，稻田的水位控制、水质调节、追肥施药以及越冬管理等方面的日常管理与稻田养蟹基本相同，详细种养技术参照稻田养蟹。下面主要介绍几个不同注意事项。

1. 饵料投喂

小龙虾旺食季节，一般每天投喂 2 次，时间在上午 9～10 时和日落前后，日投喂量为虾体重的 5%～8%；其余季节每天投喂 1 次，时间在下午4～5 时，具体日投喂量视当天的天气、水温、活饵（田间杂鱼、昆虫、水草等）等情况而定，一般以 2 小时左右吃完为宜。

2. 小龙虾病害防治

小龙虾较河蟹易患烂尾病，此病是由于小龙虾受伤、相互残食或被几丁质分解细菌感染而引起的。发病初期，病虾尾部边缘溃烂、坏死，随着病情恶化，尾部的溃烂由边缘发展到中间，最后整个尾部被吞噬。治疗方法：每亩用 10 千克左右的茶粕浸泡液全池泼洒，或每亩用 6 千克左右的生石灰全池泼洒，同时种养期间要投足饵料，以防因饵料不足而导致争食、残杀。

3. 勤巡田检查

因小龙虾疾病防治不同于一般水产养殖动物，一旦患病死亡，其尸体就很快会被其周边健康虾吞食，因此而经口感染患病，出现恶性循环，故当小龙虾患病或死亡时，必须及时治疗和捡拾病虾、死虾。另外，发病期间，管理人员要随时注意消毒所用工具和及时隔离病虾，切断病原传播途径，以免交叉感染。

（四）小龙虾捕捞

捕捞的方法有干田法、地笼网捕捞法。通常采用效果较好的地笼网捕捞，在傍晚将虾笼或地笼网置于虾沟内，隔天清晨起笼收虾。商品小龙虾被全部捕捞上市后，需进行干田处理，为翌年稻田养殖做好准备。

六、稻-鳝生态种养模式

稻田养殖黄鳝，是一种经济效益较高的种养结合生产方式，具有成本低、管理方便、疾病少、收益高等特点。稻田中丰富的天然饵料及适宜的水质为黄鳝提供了良好的生长环境，黄鳝在稻田中钻洞打穴，疏松土壤，捕食稻田中的各种水生、陆生昆虫及其幼虫，减少水稻病虫害，创造了有利于水稻生长的环境条件，可提高水稻产量。稻田养鳝，一般每亩可收获黄鳝 80～100 千克，增收稻谷 30～50 千克。

（一）养鳝稻田条件

养殖黄鳝的稻田面积最好在 10 亩以内，应选择地势稍低、常年不干涸或容易灌水的低洼稻田作为黄鳝养殖池，且水源充足，水质良好，管理方便。要求田埂高而牢固，能保水 30 厘米以上。田埂四周用砖砌，或用水泥板、聚乙烯网布作为护埂防逃墙，高 80 厘米左右。进、排水口用混凝土砌好，架上铁丝网，以防黄鳝逃逸。在稻田四周和中间均匀开挖"田"或"井"字形鱼沟，沟宽 40～50 厘米，深 60～80 厘米，占稻田面积 15%～20%。

（二）鳝种放养

1. 稻田消毒

鳝种放养前半个月，每 100 平方米鱼沟用生石灰 2 千克化水泼洒消毒，保持水深 20～30 厘米。

2. 苗种的选择

鳝种就近收购，运输时间越短越好，一般选择本地深黄大斑鳝。鳝种要求无病无伤、体质健壮、规格相近，大小以每千克 40 尾左右为宜。

3. 放养密度与方法

稻田插秧结束后应及时放养鳝种，待水稻移栽后，秧苗返青，保持鱼沟内水质透明度 25～30 厘米，田面 3～5 厘米水深。每亩放养规格 30～50 尾/千克的鳝种 50 千克左右，一次性放足。同时套养 5% 的泥鳅，利用泥鳅上下蹿动可增加水中溶氧。鳝种放养时用 3% 食盐液浸洗消毒，以防黄鳝"感冒病"、水霉病和防止将病原体、寄生虫带到新的环境。此外，还应注意水温相差不能超过 2℃～3℃。

图 6-25 稻田开宽、深的厢沟，采用沉网式养殖黄鳝、泥鳅

图 6-26 稻田开腰沟围沟，采用封闭式地笼网养殖黄鳝

（三）驯食与饵料投喂

鳝鱼喜食鲜活蚯蚓、小鱼虾、黄粉虫、蚕蛹、蛆虫等动物性饵料，但

养殖中大量的鲜活饵料难以保证供应，必须及早驯食。一般在苗种放养后20天，已适应新环境后开始。方法是，早期用鲜蚯蚓、黄粉虫、蚕蛹等绞成的肉浆，按20%的比例均匀掺入黄鳝专用饲料中投喂，驯食5～6天。驯食成功后，可逐渐减少动物性饵料的配比。黄鳝有昼伏夜出的摄食习性，饵料投喂一般在傍晚进行，坚持"四定"原则，即定时、定点、定量、定质。天阴、闷热、雷雨前后，或水温高于30℃、低于15℃时，要适当减少投喂量；天气晴好，水温在15℃～28℃时，是黄鳝旺食旺长的好时机，要及时适当地增加投喂量，以第2天早上不留残饵为准，投饲量为黄鳝体重的2%～4%。另外，在稻田中可装日光灯，既便于观察鳝鱼活动，又能引诱昆虫供黄鳝摄食，增加黄鳝的肉食性饵料。

（四）日常管理

1. 水稻栽培

水稻应选择生长期长、抗病害、抗倒伏的品种。移栽时推行宽行密植，行距约为20厘米，株距约为10厘米。水稻移栽前要施足基肥。

2. 水位调节与水质管理

在水质管理上要根据水稻各生长期的需水特点，兼顾黄鳝的生活习性，坚持早期浅水位（5～10厘米），中期深水位（15～30厘米），后期正常水位，基本符合稻、鳝生长的需要。搁田期内，鱼沟要保持50厘米左右水体，并要经常换水，保持水质清新，溶氧丰富。夏季成鳝池的水质酸碱度以pH值7～8之间较适宜，如果池水长时间呈酸性，可以向池内泼洒生石灰水进行调节。

3. 饵料管理

饵料一定要新鲜，切忌投喂变质、腐臭饵料，以免黄鳝吃后患肠胃病。夏季黄鳝生长快，要尽量多喂螺蚌肉、鲜蚯蚓和蝇蛆等动物性蛋白饵料，并改平时一天喂一次为每天两次，分别在上午9点以前和下午6点以后较凉爽的时间投饵，投喂量以黄鳝当天吃完为宜。应及时捞出剩余饵料，以防污染池水。

4. 搞好防暑降温

最适合黄鳝生长繁殖的水温为21℃～28℃，夏天阳光暴晒易使黄鳝中暑。可在池子四周种植南瓜、丝瓜、葡萄等攀援植物或用稻草搭棚遮阳，也可在鳝池水面投入适量浮水植物，如水葫芦、水浮莲、浮萍等遮阳（但面积不能超过池子的1/3），还可采取换水调温，高温季节加深水位15～20

厘米，利于黄鳝生长，即在盛夏把水位加高，并采取更换表层水来平衡田水温度。有条件的可采用整日微流水的方法降温，效果更佳。

5. 严防鳝鱼逃跑

坚持早、晚巡查，观察黄鳝生长情况，要特别注意检查水位深浅、池壁池底有无裂缝以及排水孔网罩是否完好，及时排除隐患，采取相应措施，注意清除敌害。黄鳝在暴风雨天气下逃跑，此时尤其要注意做好防逃工作。

6. 防止黄鳝浮头

在正常饲养条件下，如出现一般性浮头，说明放养密、投饵多、黄鳝生长旺。但在天气闷、阴雨天、水质严重恶化、水面出现气泡等情况下，或早晚巡塘时发现黄鳝受惊跳动、群集水面、散乱游动，则说明是严重缺氧，必须迅速处理。对轻度浮头，只需立即注入新鲜水增氧即可，但千万不能在傍晚注水，以免造成上下水层对流反而加剧浮头。暗浮头多发生在夏季和秋初，由于症状轻，不易察觉，如不及时注水预防，易发生泛田死亡。对天气、水质突变引起的浮头，只要减少投饵，将饵料残渣及时捞出，从速注入新水即可解决。

（五）稻鳝病虫害防治

1. 水稻病虫害的防治

由于稻田养鳝具有除草保肥、灭虫增肥作用，因而水稻病虫害发生率也较低。水稻生长期内不得不防治病虫害的，必须使用高效低毒低残留生物农药，用药前将鳝鱼全部赶到鱼溜，灌满田水，稻田的一半先用药，剩余的一半隔天再用药，让黄鳝在田间有多一点躲避的场所。粉剂宜在早晨露水未干时喷施，水剂在露水干后使用。施药时喷嘴要斜向稻叶或朝上，尽量将药喷在稻叶上。下雨前不要施农药。次日再将鱼溜水换掉 1/3～2/3。严禁含有甲胺磷、毒杀芬、呋喃丹、五氯酚钠等剧毒农药的水流入稻田，防止农药对黄鳝产生不良影响。

2. 黄鳝病害的防治

（1）细菌性皮肤病：5～9 月为流行期。病鳝体表出现大小不一的红斑，呈点状充血发炎，腹部两侧尤为明显；且游动无力，头常伸出水面；病情严重时，表皮呈点状溃烂，并向肌肉延伸而死亡。此时，应及时更换田水并用生石灰清田消毒。对已发病的黄鳝，可按每 50 千克黄鳝用磺胺噻唑 0.5 克与饵料掺拌投喂，每天 1 次，5～7 天为一个疗程。

（2）水霉病：多因黄鳝体表受伤后感染所致，肉眼可见病鳝伤处长霉丝。此时，应立即加注新水，并按每立方米水体用小苏打 20 克加水溶化后全田泼洒。

（3）发热病：多因黄鳝饲养密度过大，鳝体表面分泌的黏液在水中积聚发酵，导致水温急剧上升而引起。此时黄鳝相互缠绕，极易造成大量死亡。防治方法是：在田内混养少量泥鳅，通过泥鳅上下蹿游防止黄鳝缠绕；立即更换新水。

（4）锥体虫病：6～8 月为流行期。病鳝大多呈贫血状，鳝体消瘦，生长不良。防治方法是：用生石灰清田，清除锥体虫的中间宿主蚂蟥（水蛭）；用 2%～3% 的食盐液或 0.7 毫克/升硫酸铜、硫酸亚铁合剂，浸洗病鳝 10 分钟左右，均有疗效。

（六）捕捞上市

当黄鳝个体重达 60～100 克时即可捕捞上市。秋季可用细密网捕捞；晚秋、冬季和早春可采用灌水篓网诱捕，或排水搁田集中捕捉，尽量不伤鳝体，并注意捕大留小，以便为下年饲养留有足够的鳝苗。

七、稻-鸭生态种养模式

稻-鸭生态种养模式是指在水稻活蔸后至抽穗灌浆期间将雏鸭放入稻田中与水稻共同生长，使稻田中光、热、水、土、气等资源得到充分利用，双方互惠互利，生产出无公害高效益的稻鸭产品的生态种养模式。该模式起源于中国明朝，在日本发展成熟，随后在亚洲得到推广。稻-鸭生态种养不仅能够生产出绿色无公害的大米和鸭肉，促进农业生产的良性循环，带来巨大的社会经济生态效益，也是粮农增收的有效途径。

（一）稻-鸭生态种养模式的意义

传统的稻作模式种植作物单一，且生产成本高，即使增加稻田复种指数也难以获得可观的经济效益，因此导致农民生产积极性不高，稻田利用率低，资源得不到有效的利用。且大量的化肥投入，使得土壤循环持续恶化，同时田间的杂草和害虫必须通过大量的除草剂和农药加以处理，既造成了资源的浪费，而且严重的影响了生态环境。而实行稻-鸭生态种养，由于鸭子可以采食田间杂草、浮游动植物和害虫，鸭粪亦可以肥田，据相关研究一只鸭子在稻鸭共生的两个月间可排泄湿重达 10 千克的粪便，相当于氮 47 克、磷 70 克、钾 31 克，并还含有丰富的有机质。同时鸭子在稻田中频繁活动能刺激水稻生长，起到中耕、浑水、增氧的作用，减少了温室气体的排放；水稻又为鸭子遮光避敌，提供栖息活动的场所。使各种资源变废为宝，提高品质和效益，改善和保护生态环境，促进土壤的良性循环，提高了稻田资源利用率和产出率。

（二）技术要点

一般在水稻移栽活蔸后可放入鸭龄为 10～20 天的雏鸭，早稻由于前期气温较低，可以放养 15 日龄以上的鸭子，晚稻田可早些放养。鸭子数量根据田间野生动植物多少而定，每亩水稻田放养 10～20 只较为适宜，一般 80 只左右为一个群体。鸭子可白天在稻田中生长，晚上赶回，也可 24 小时在稻田中生长，但须在稻田旁建设简易鸭棚，每天早晚补喂一定的饲料，在水稻抽穗灌浆前及时捕获鸭子，达到稻鸭双丰收。

图 6-27 "稻-鸭"耦合种养，养殖的野鸭

图 6-28 "稻-鸭"耦合，野鸭在田边水池休憩

1. 田块选择

选择土壤肥沃，水源充足，水质良好，易于灌溉，方便管理，面积较大或连成一片的水稻田。

2. 稻田种养前的处理

（1）首先是对稻田起垄（关键技术及操作要点见本书，在此不做赘述）。

（2）施足基肥，施用常规栽培 60%～70% 的肥量即可，一般以长效复合肥和农家有机肥为主，一次性施足纯氮 10～11 千克，五氧化二磷 5～6 千克，氧化钾 10～11 千克。

（3）对田埂进行加高加固处理，挖好排水沟，便于排灌；在简易鸭舍旁需开挖鸭舍大小的蓄水池供鸭子在旱季时活动。

3. 水稻品种的选择

一般选择抗性强，高产稳产优质，分蘖能力强，株高适中的水稻品种。早稻选用湘早籼31号、中优早12号、香两优68等；晚稻选用湘晚籼9号、湘晚籼12号、培两优288、金优207等品种。同一品种避免多年连作，以防止病害的生理小种危害，提高品种抗性。由于鸭子在田间活动会给水稻苗造成一定的损伤，因此在移栽时可增加每穴苗数2～4棵。要适时播种移栽，培育壮秧。早、晚稻种子要用强氯精消毒，晚稻种子每千克用2克烯效唑拌种，可有效控制秧苗徒长。

4. 围栏和简易鸭舍的设置

为了防止鸭子逃跑和天敌（鼬、蛇、鹰、狗等）对鸭子的侵害，需在稻鸭种养区设置围栏，一般用尼龙网（网眼≤2厘米×2厘米）在田埂上设置0.8～1米高度的围栏，经济条件允许也可使用专用的脉冲通电栅栏。若鸭子24小时在田间活动需设置简易的鸭舍供鸭子休息和便于投放饲料。可设在田埂边上，一般按每10只占1平方米为宜，高度1.5米左右的简易棚。在简易棚的一边制成一个食台。鸭舍顶用稻草、编织袋或石棉瓦等遮盖，鸭舍最好用木条、竹条等搭建，这样能保证鸭舍的干燥和通风。

图 6-29　"稻-野鸭"耦合，围栏养鸭大田　　图 6-30　稻田围栏养野鸭大田

5. 鸭的品种选择

鸭子品种的选择是稻鸭共作技术的重要组成部分，可根据实际要求选择全能型鸭或役用型鸭，要求鸭子具有体形小、杂食性、集群性等特点，如果是自己培育鸭苗要把握"谷浸种，蛋起孵"，也可在水稻插秧前3～5天购买鸭苗，既可选用本地麻鸭或野鸭雏鸭。我国最适于稻田放养的鸭种有绿头野鸭、绍兴麻鸭、湖南攸县麻鸭、福建金定麻鸭、湖北荆江鸭、贵州

三穗鸭、四川建昌鸭、江西大余鸭和巢湖鸭等。这些鸭属中小体形，成年鸭每只体重1.25～1.5千克，在放养稻苗间穿行，活动灵活，食量较小，成本较低，露宿抗逆性强，适应性较广，公鸭生长快，肉质鲜嫩，母鸭产蛋率高。

6. 鸭的饲养要点

（1）雏鸭饲养。雏鸭出壳20小时即可直接用饮水器饮水。"开食"在饮水后15分钟左右进行。将雏鸭放到塑料布（或草席、篾席）上，先洒点水，略带潮湿，然后放出小鸭，饲养员一边轻撒饲料，一边吆喝调教，引诱雏鸭啄食。这时务必细心观察，要使每只鸭子都能吃进一点饲料，但也不能吃得太多，六七成饱就可以了。10日以内的雏鸭每昼夜喂料6～7次，其中晚上喂2次，饮水置于饮水器内，昼夜不断供应。在舍饲期内，每只雏鸭应投50克左右的雏鸭配合料。为提高雏鸭觅食青草的能力，可自1周龄后在饲料中加入青菜。在鸭子孵化后到大田放养前，饲喂颗粒饲料。

（2）鸭子的田间饲养。每天喂食以呼唤、吹哨或敲击声进行驯化，建立条件反射，以利于管理。鸭子放入大田后，每天每只用稻谷、玉米等谷物类饲料50～100克饲养，同时可添加饲料草（如绿萍）和其它鸭子喜食的水生动物。产蛋期每天每只用稻谷、玉米、饲料草等谷物类饲料100克饲养。大田饲养期间，饲料用量适中，严禁使用发霉发臭饲料和发臭生蛆的动植物残体饲养鸭子。投放饲料时要逗鸭，可以减少收鸭时的困难。投放饲料一定要注意定时，一般以傍晚鸭子回鸭舍时为宜。其他时间投放饲料，不利鸭子主动积极地到田间取食，特别注意不宜在早晨投放饲料。

图6-31　稻田分块围栏养野鸭，野鸭在田埂休憩

图6-32　稻田围栏养鸭，鸭在田埂休憩

7. 水稻田间水浆管理

掌握返青期灌深水，分蘖期灌浅水，孕穗期浅水勤灌，抽穗期保持足水，乳熟期薄水轻搁，黄熟期灌跑马水的灌水要点。鸭放养前采取浅水管理，促进早活苗返青。鸭在稻田觅食活动期间，田间保持水层以利鸭活动。考虑鸭子要戏水、觅食及抑制杂草等，放鸭期间要求田间持水 8 厘米左右，栽后 5～7 天适当调整水层，以利于放鸭，以鸭脚没入水中为宜；鸭舍旁须开挖 50～60 厘米深的蓄水池，供鸭子在旱季活动。根据湖南农业大学的研究，稻田养鸭要做到鸭在水稻全生育期都下田，必须做好配套工程。一是要有支撑全时段稻鸭耦合的多沟一群设施及控制技术。在稻田中建造永久性或季节性小型沟壑设施促进鸭在田间捕食，每隔 5～8 米开一条沟并保持沟中有水，无论在水稻生长中期或后期鸭群都能正常下田运动。鸭捕食有"一口料一口水"或"连汤带水"的特点，水稻生长中后期稻田经常阶段性断水，鸭群下田不能正常捕食，停留在田埂，出现稻鸭耦合时序断档。在促进水稻正常生长前提下，发明稻田生态沟，保持沟中有水，鸭群正常捕食，全田运动，解决了水稻生长中后期鸭群不下田的难题。二是要有支撑全空间稻鸭耦合的稻加鸡鸭种养方式及控制技术。水稻中后期群体数量与质量增大、鸭个体也相应增大形成的双向顶压效应，是导致鸭群在水稻生长中后期惰于下田的主要原因。采用 5 月中旬放青年鸭、6 月下旬放青年鸡、雏鸭，分三批分别适应水稻生长前期的低群体数量与质量、水稻生长后期的高群体数量与质量，解决水稻生长中后期群体太大与鸭群个体太大导致顶压，保证鸭群正常下田。青年鸭与成年鸭在稻田运动需克服陷泥、稻株顶压两大阻力，但鸭个体增重与水稻群体增大在水稻生长中后期刚性发展，鸭群不能正常进入田间，停留在田埂，出现稻鸭耦合空间矛盾。针对稻鸭耦合矛盾，研究人员发明一季水稻一批鸡、两批鸭的种养方式，并适时投放与回收，辅以青年鸡防控水稻冠层虫害，解决了水稻生长中后期鸭群在稻田运动的难题。三是要利用大型鸭群大范围捕食、排泄鸭粪产生有机肥与生物源杀菌剂为作物施肥、防除病虫的生态技术。研究人员发现，从鸭粪中提取的铜绿假单胞菌株原液对水稻纹枯病菌、水稻细菌性条斑病菌有抑制作用，与井冈霉素复配后施用于水稻植株效果更佳。其原理是铜绿假单胞菌可产生吩嗪-1-羧酸、藤黄绿脓菌素、2，4-二乙酰藤黄酚等多种活性物质，对水稻纹枯病菌、水稻细菌性条斑病菌有抑制作用。由于鸭粪能同时对真菌性病原、细菌性病原产生抑制作用，与大多数单一的化学农药比较，其抑菌谱更宽，可同时作用于多种靶标。研究人员发明的稻加鸡鸭种养分三批投放技术保障了全生育期通过搅泥、排粪不断释放土壤养分、增施鸭粪，解决了水稻生长中后期稻田土壤养分释放不够、病害控制源减少的问题。

8. 水稻病虫害防治

鸭子的捕食和不断穿行改善了田间通风透光条件，绝大部分病虫杂草都可控制在防治指标以下。稻鸭共作田前期的病虫草害基本不需要用药控制。但稻纵卷叶螟、稻螟蛉、稻瘟病等爆发时，可用生物农药进行防治。后期三化螟卵块产于植株叶片中上部，稻纵卷叶螟主要在叶片中上部危害，而此时植株已较高，鸭子作用削弱，可采用频振杀虫灯诱杀，一般 50 亩安置一盏频振杀虫灯，或用生物农药防治。

图 6-33　野鸭在田间活动捕食　　　图 6-34　稻田养鸭水稻中后期行间无杂草

9. 鸭病防治。

鸭舍应经常进行卫生消毒工作，消灭病原微生物，切断疾病传播途径，控制疫病蔓延。疫病、中毒、中暑是严重影响役用鸭成活率的三大主要因素，只要发生任何一项未能及时控制，都会引起鸭子的大批死亡甚至全军覆灭。因此对于鸭疫病、中毒、中暑的预防、控制和治疗是直接关系稻鸭共作成败的关键技术。在幼鸭孵化出壳的当天接种鸭病毒性肝炎疫苗，而后按要求进行接种鸭瘟二联疫苗和禽流感疫苗防疫。

（1）鸭病毒性肝炎。无母源抗体的 1 日龄雏鸭（种鸭无免疫鸭肝炎），用鸭病毒性肝炎疫苗 20 倍稀释，每只 0.5 毫升肌内注射。有母源抗体的 7～10 日龄雏鸭皮下 1 毫升注射。

（2）鸭瘟。鸭瘟弱毒苗 10 日龄首免，40 倍稀释，每只 0.2 毫升肌内注射。60 日龄进行二免，每只 0.5 毫升肌内注射。

（3）禽流感。用禽流感 H5＋H9 二价或 H5 单价灭活苗，10～15 日龄每只皮下或肌内注射 0.3 毫升。60 日龄进行禽流感二免，每只肌内注射 0.5～0.6 毫升。

（4）预防细菌性疾病。雏鸭舍饲期内饲料中加入预防药品，连续用药 3～4 天停药 2 天，间断用药。雏鸭前 3 天的饮水中加入 50 毫克/千克的恩诺沙星或庆大霉素。

（5）防中毒、中暑技术。首先要勤检查，一查四周田埂是否漏水漫水，增高加固田埂，堵塞缺口漏洞；二查田间腐尸，及时清除鱼、雀、鸭等动物尸体。其次要及时隔离，将中毒区内的鸭子赶上来，放养于清洁的环境中，防止继续接触有毒物质。防止鸭中暑的关键是保持田间合适水层。实践证明，只要田内始终保持 10 厘米左右的水层，引起鸭子中暑的可能性就很小。

以上介绍的 7 种多熟制稻田生态种养模式，对于水产禽类病害的防治，除书中所述各养殖动物具体的主要病害防治方法外，还可在稻田养殖生长的全过程中，采用生态安全的预防和防治相结合的措施进行有效管理。此处，介绍一种新型的效果明显的养殖业用生态型消毒剂。该消毒剂既达到防治真菌、细菌性病害的目的，又可对养殖动物（畜禽、鱼类等）提高其抗病能力，防止疾病的传播；保证养殖动物正常生活不需转场，可直接在所养殖的场所（如池塘、农田、禽舍）及运输机械和器具上消毒使用；杀灭养殖动物环境中和与之接触的物体上的病菌，效率高。这是一种养殖业用中草药消毒剂，主要成分为中草药提取液，所述中草药提取液占所述消毒剂的质量百分含量＞95％，其中中草药提取液由以下质量百分含量的组分组成：大蒜提取液 25％～35％、鱼腥草提取液 15％～25％、马齿苋提取液 15％～25％、艾叶银杏青蒿提取液 9％～15％、松树枝叶提取液 10％～20％，且各种提取液的质

图 6-35　养鸭田设置的简易喂食、避暑棚，及在田间靠鸭棚位置设置的诱蛾杀虫灯

量百分含量之和为 100％。各成分提取液的获取：以上各植物新鲜洗净除杂（大蒜瓣、鱼腥草全株、马齿苋植株地上部、艾叶茎叶、银杏叶片、青蒿植株地上部、松树松针），捣碎或用制浆机打成浆料后，分别放入蒸馏水或 70％～75％酒精中浸提（其中大蒜、鱼腥草用蒸馏水，马齿苋、艾叶、银杏、青蒿、松针用酒精提取有效成分），提取温度 30℃～50℃，浸提时间 3～5 小时；过滤各浸提液，分别贮藏备用。将提取好的各植物源备用液，按比例进行混合；即按大蒜∶鱼腥草∶马齿苋∶艾叶银杏青蒿∶松枝叶为：3∶2∶2∶1.5∶1.5，将 5 种提取液混合摇匀，成消毒液。使用时，将消毒剂原液用 30℃～50℃的温水按 50 倍稀释（如取 400 毫升混合好的提取液，加入约 20 升的洁净水即可），搅拌均匀后，进行喷施消毒灭菌。不用时，各提取液低温下避光储存备用。此法利用了各中草药中活性成分的不同功效，进行合理的配伍，杀菌抗菌、抗病毒效果明显，具有广谱和增效作用，在养殖业生产上使用安全可靠。

图 6-36　"稻-鸭-鸡"耦合种养，田间水稻起垄栽培大田

图 6-37　"稻-鸭-鸡"耦合生态种养模式示范推广

图 6-38　"稻-鸭-鸡"耦合生态种养模式示范大田

图 6－39 "稻-鸭-鸡"耦合生态种养模式．田间野鸭活动

图 6－40 "稻-鸭-鸡"耦合生态种养田间设置鸡笼

图 6－41 水稻垄作"稻-鸭-鸡"耦合生态种养模式．鸡在田间活动

图 6－42 "稻-鸭-鸡"耦合生态种养模式示范大田

图 6－43 养殖稻田坚持每天巡田观察